技术
Atlas of AI
之外

Kate Crawford

[美]

凯特·克劳福德
著

/

丁宁 / 李红澄 / 方伟
译

社会联结中的人工智能

Power, Politics, and the Planetary Costs
of Artificial Intelligence

中国原子能出版社　中国科学技术出版社
·北　京·

Atlas of AI by Kate Crawford

ISBN:9780300209570

Copyright © Kate Crawford

Originally published by Yale University Press

All rights reserved.

Simplified Chinese translation copyright © 2023 by China Science and Technology Press Co., Ltd.

北京市版权局著作权合同登记图字：01-2023-5735

图书在版编目（CIP）数据

技术之外：社会联结中的人工智能 /（美）凯特·

克劳福德（Kate Crawford）著；丁宁，李红澄，方伟译

. —北京：中国原子能出版社：中国科学技术出版社，

2024.3

书名原文：Atlas of AI: Power, Politics, and

the Planetary Costs of Artificial Intelligence

ISBN 978-7-5221-2933-4

Ⅰ.①技… Ⅱ.①凯… ②丁… ③李… ④方… Ⅲ.

①人工智能 Ⅳ.① TP18

中国国家版本馆 CIP 数据核字（2023）第 161601 号

策划编辑	申永刚　屈昕雨	责任编辑	付　凯
封面设计	奇文云海·设计顾问	版式设计	锋尚设计
责任校对	冯莲凤　张晓莉	责任印制	赵　明　李晓霖

出　　版	中国原子能出版社　中国科学技术出版社
发　　行	中国原子能出版社　中国科学技术出版社有限公司发行部
地　　址	北京市海淀区中关村南大街 16 号
邮　　编	100081
发行电话	010-62173865
传　　真	010-62173081
网　　址	http://www.cspbooks.com.cn

开　　本	880mm × 1230mm　1/32
字　　数	166 千字
印　　张	6.875
版　　次	2024 年 3 月第 1 版
印　　次	2024 年 3 月第 1 次印刷
印　　刷	北京盛通印刷股份有限公司
书　　号	ISBN 978-7-5221-2933-4
定　　价	69.00 元

目 录

引 言

第一章 ▶ 地 球

第二章 ▶ 劳 工

第三章 ▶ 数　据

第四章 ▶ 分　类

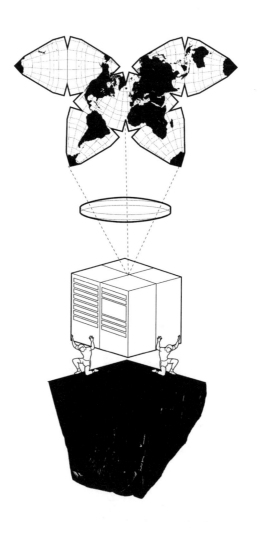

引言

世界上最聪明的马

▼

　　19世纪末，全欧洲都为一匹名叫汉斯的九岁大的德国马着迷。这匹公马因展示了非凡的智能而成为国际明星：它可以解数学题、分辨时间、确定日历上的日期、区分音乐音调、拼出单词和句子。人们蜂拥而至来观看汉斯的表演，它用蹄子敲出对复杂问题的回答，而且总是能得出正确答案。在被提问"2加3等于几"时，它会努力地用蹄子在地面上敲5次；在被提问"今天星期几"时，它会用蹄子在特制的"字母板"上轻敲字母，从而拼出正确答案。汉斯甚至还能回答更复杂的问题，比如"我心里有一个数字，减去9后剩余3，这个数字是几"。这匹马很快赢得了"聪明的汉斯"的昵称。1904年，《纽约时报》以"柏林神马：除了说话，他几乎什么都能做"为标题来为它声援。

汉斯的训练师威廉·冯·奥斯滕（Wilhelm von Osten，见图0.1）是一名退休的数学老师，也是颅相学的拥护者，他长期着迷于研究动物智能。他曾尝试教小猫和小熊认识数字，但直到开始和汉斯合作，他才获得成功。冯·奥斯滕首先教汉斯数数，方法是握住它的腿，给它看一个数字，然后在它的蹄子上敲击同样的次数。很快，汉斯自己就能用蹄子计算简单的加法。接下来，冯·奥斯滕引入了一个能够拼写字母的粉笔板，汉斯能够为粉笔板上的每个字母对应地敲出一个数字。经过两年的训练，冯·奥斯滕对这种动物对高级智力概念的深度理解感到震惊。因此，他开始带着汉斯旅行，以此证明动物能够进行推理。汉斯在"美好年代"[①]的欧洲轰动一时。

图0.1　威廉·冯·奥斯滕和聪明汉斯马

---

① "美好年代"是欧洲社会史上的一段时期，从19世纪末开始，至第一次世界大战爆发结束，这个时期被上流阶级认为是一个"黄金时代"，此时的欧洲处于一个相对和平的时期，随着资本主义及工业革命的发展，科学技术日新月异，欧洲的文化、艺术及生活方式等都在这个时期日臻成熟。——译者注

　　但是很多人对此表示怀疑，德国教育委员会（German Board of Education）成立了一个调查委员会来验证冯·奥斯滕的科学主张。这个委员会由心理学家、哲学家卡尔·斯图姆夫（Carl Stumpf）和他的助手奥斯卡·芬斯特（Oskar Pfungst）领导，其中还包括一名马戏团经理、一名退休教师、一名动物学家、一名兽医和一名骑兵军官。但经过对汉斯的大量提问后委员会发现，无论训练师是否在场，这匹马都作出了正确的回答，委员会没有发现舞弊的证据。正如芬斯特后来写的那样，汉斯在"成千上万的观众，各地的马术师和一流的魔术师面前表演，在几个月的观察中，他们中没有一个人能发现提问者和马之间存在任何有规律的信号"。

　　委员会发现，这里面没有什么欺骗行为，奥斯滕教汉斯的方式更像是"教小学的孩子"，而不是训练动物，"值得接受科学检验"。汉斯被宣布为"一匹具有推理能力的马"，但斯图姆夫和芬斯特仍然有疑问。其中一个发现尤其令他们困扰：当提问者不知道答案，或者当他们站在很远的地方时，汉斯很少能给出正确答案。这使得芬斯特和斯图姆夫开始思考是否有某种无意识的社会交往为汉斯提供答案。

　　正如芬斯特在其1911年出版的关于汉斯现象的著作中所描述的那样，他们的直觉是正确的：提问者的姿势、呼吸和面部表情会在汉斯得到正确答案的那一刻发生微妙变化，给汉斯发出了应该停下的信号。芬斯特后来在人类被试者身上验证了这一假设，并证实了他的结论。这一发现最让他着迷的是，提问者通常不知道他们给了这匹马线索。芬斯特写道，"聪明的汉斯"神秘事件的谜底藏在提问者无意识的选择中。这一发现让许多聪明汉斯的粉丝感到震惊，冯·奥斯滕拒绝接受这个结果，继续展示汉斯，坚持认为汉斯的智能是他专业训练的杰作。

从多个角度来看，"聪明的汉斯"的故事都引人注目：欲望、幻想和行动之间的关系、向人们展示奇迹的生意、我们如何将非人类拟人化、偏见如何出现以及智能政治。受汉斯启发，人们为某种特定类型的观念陷阱发明了一个心理学术语，即"聪明汉斯效应"（Clever Hans Effect）或"观察者期望效应"（observer-expectancy effect），用来描述主试者无意识的暗示对被试者产生的影响。汉斯和冯·奥斯滕之间的关系指向了人类无意识地产生偏见的复杂方式，以及人们如何总是与他们正在学习的条件纠缠在一起。冯·奥斯滕制造出他期待看到的结果，观众们鼓掌喝彩，但这只有在这匹马表现出他所期待的那种智能时才发生。

这开启了本书的一个核心问题：智能是如何被"制造"的？乍看上去，"聪明的汉斯"的故事讲述的是一个人如何通过训练一匹马跟随暗示及模仿类人认知来建构智能。但在另一个层面上，我们看到的是创造智能的实践需要诸多机构的验证，包括学术界、学校、科学领域、公众以及军界。冯·奥斯滕和他非凡的马是有市场的，情感与经济投入推动了巡演、报纸报道及讲座。官方的权威人士们聚集在一起判断并测试这匹马的能力，并用多种形式的经济、文化及科学力量评估汉斯的智能并宣布其所表现出的与众不同是有意义的。

我们可以看到两个不同的论点在发挥作用：一个基本的论点是非人类系统（如计算机、马）只是人类思维的类似物。只要受过足够的训练或拥有充足的资源，类人的"智能"就能够被创造出来，而无须理解人类在更广泛的生态系统中是如何表现、交往和筹划的。另一个论点是"智能"是自然的事物，在某种程度上不同于社会、文化和政治力量。更确切地讲，几个世纪以来，"智能"的概念已经造成过度伤害——自古希腊起就被用来为诸如奴隶制、父权制以及优生学等与统治阶层相关的体系辩护。

这些迷思在人工智能领域的影响尤为深刻。自20世纪中叶以来，关于人类智能可以被机器程序化并复制的观点一直流行。就像汉斯的智能被认为像人的智能一样，可以像孩子一样被精心培育，AI系统被认为是一种简单但类似人类的智能。阿兰·图灵（Alan Turing）在1950年曾预言，到20世纪末，"广大受过教育的人的看法会发生很大的改变，那时谈论机器思考将不再受到反驳"。数学家约翰·冯·诺伊曼（John Von Neumann）在1958年宣称，人类神经系统是"初步数字式的"。麻省理工学院教授、人工智能先驱马文·明斯基（Marvin Minsky）曾在回答机器是否能思考的问题时说："机器当然可以思考；我们可以思考代表我们是'人肉机器'。"但并不是每个人都对此深信不疑。约瑟夫·魏泽鲍姆（Joseph Weizenbaum）是早期AI发明者和第一个聊天机器人程序伊丽莎（ELIZA）的创造者，他认为将人类只是信息处理系统的观念当作智能的概念过于简单，这推动了科学家们"一意孤行的宏伟幻想"，认为AI科学家能够创造"像孩子一样"学习的机器。

事实上，我们可以将其视为人工智能历史上的核心争议之一。1961年，麻省理工学院举办了一个具有里程碑意义的系列讲座，名为"未来的管理与计算机"（Management and the Computer of the Future）。包括格蕾丝·赫柏（Grace Hopper）、约瑟夫·利克莱德（J.C.R. Licklider）、马文·明斯基、艾伦·纽厄尔（Allen Newell）、希尔伯特·西蒙（Herbert Simon）及诺伯特·维纳（Norbert Wiener）在内的众多计算机科学家参加了会议，讨论了数字计算正在取得的快速进步。约翰·麦卡锡（John McCarthy）在总结时大胆地指出，人类和机器之间的差异是虚幻的。一些复杂的人工任务只需要更多时间就能被形式化并被机器完成。

但哲学教授休伯特·德雷弗斯（Hubert Dreyfus）对其进行了反驳，他担心组装工程师"甚至没有考虑到大脑可能与计算机有完全不同的处理信息的方式"。德雷弗斯在其后来的著作《计算机不能做什么》（*What Computers Can't Do*）中指出，人类的智能和专业知识很大程度上依赖于无意识或潜意识过程，而计算机要求所有过程和数据必须是明确的和形式化的。因此，对计算机来说，智能中不太正规的特征必须被分离、消除或估算，这让它们无法像人类那样处理有关情况下的信息。

自20世纪60年代以来，AI领域发生了很大变化，包括从符号系统转向最近的机器学习技术的炒作热潮。从许多方面来说，早期关于AI可以做什么的争论已经被遗忘，AI寒冬期间的怀疑已经消失。自21世纪第一个十年的中期以来，人工智能在学术界和工业界迅速发展。现在，少数有实力的科技公司在全球范围内部署AI系统，它们的系统再次被誉为可媲美人类智能，甚至优于人类智能的系统。

正如汉斯的智能被认为是类人的，可以像小学的孩子一样被精心培养，AI系统也被认为是一种简单但类人的智能形式。汉斯被教导在一个非常有限的智能范围内模拟任务：学会加减，而不是理解西班牙语、演奏音乐或烹饪。这反映了对于人类能或者马能做的事情的狭隘见解。正如作家兼工程师埃伦·厄尔曼（Ellen Ullman）所说：这种认为大脑就像计算机、反之亦然的信念已经"影响了数十年来计算机和认知科学的思维"，为这一领域创造了一种原罪。这是"人工智能"的笛卡尔式二元论：AI被理解为一个思维系统，就像人类大脑一样，完全脱离了物质世界。

AI是什么？既不人工，也不智能

让我们问一个看似简单的问题："什么是人工智能?"如果你问街上的人，他们可能会提到苹果公司的Siri语音助手、亚马逊的云服务、特斯拉的汽车或谷歌的搜索算法。如果你问深度学习领域的专家，他们可能会给你一个关于神经网络的技术性回答，神经网络被组织成几十个层级，接收标签数据，被分配权重和阈值，并以无法被完全解释的方式对数据进行分类。1978年，唐纳德·米基（Donald Michie）教授在讨论专家系统①时将AI描述为知识提炼系统，其"可靠性与编码能力远远超过了独立的人类专家曾经达到，甚至可能达到的最高水平"。斯图尔特·罗素（Stuart Russell）和彼得·诺维格（Peter Norvig）在关于这一主题最受欢迎的读本《人工智能》（*Artificial Intelligence*）中指出，人工智能是关于理解和构建智能实体的尝试。"智能主要涉及理性行为，"他们声称，"理想情况下，智能主体在某种情况下可能采取最好的行动。"

每种定义人工智能的方法都在发挥作用，为理解、衡量、评估和管理人工智能设定框架。如果AI是由作为企业基础设施的消费品牌所定义，那么市场营销和广告就已经预先确定了其功能范围。如果AI系统被认为比任何人类专家都更可靠或更理性，能够采取"最理想的行动"，那就表明应该信任它们在健康、教育和刑事司法方

---

① 专家系统（expert system）是一个具有大量的专门知识与经验的程序系统，它应用人工智能技术和计算机技术，根据某领域一个或多个专家提供的知识和经验，进行推理和判断，模拟人类专家的决策过程，以便解决那些需要人类专家处理的复杂问题。——译者注

面做出的高风险决定。当特定的算法技术成为唯一的焦点时，与考虑这些方法的计算成本以及它们对压力之下的地球的深远影响相比，只有持续的技术进步才是重中之重。

相比之下，本书认为AI既不人工，也不智能。相反，人工智能既是具身的，也是物质的，是由自然资源、燃料、人力、基础设施、物流、历史和分类构成的。如果没有经过广泛的、使用预定义规则和奖励条件的大型数据库的计算密集型训练，AI系统就不是自主的、理性的，也无法识别任何东西。实际上，我们所知道的人工智能完全依赖于更广泛的政治和社会结构。由于大规模构建AI所需的资金，以及它们所优化的观看方式，AI系统最终是为现有的利益集团服务。从这个意义上说，人工智能是权力的代理。

本书的任务是探索人工智能是如何被制造的，从更广泛的意义上来说，即探索影响其发展的经济、政治、文化和历史力量。一旦将AI与这些更广泛的体系及社会系统联系起来，我们就可以摆脱人工智能是一个纯粹的技术领域的观念。从根本上说，AI是技术和社会的实践，是机构和基础设施，也是政治和文化。计算理性和人类工作紧密相连：AI系统既反映了一定的社会关系，也反映了人对这个世界的理解。

值得注意的是，"人工智能"一词可能会在计算机科学界造成一些不适，因为它被视为更适合营销的热词。"机器学习"在技术学科中更为常用。然而，在资金申请季，当风险投资家带着支票簿拜访实验室时，或者当研究人员为一项新的科研成果寻求媒体关注时，AI这个命名往往会很快被重新采用。因此，在被使用和被拒绝的过程中，AI这个词的含义一直在变化——这本身就很有趣。对我而言，使用AI旨在谈论这个巨大的产业形态，包括政治、文化和资本。当提到机器学习时，我指的是技术方法的范畴（实际上也是社会和基础设施范畴，尽管很少有人这样说）。

但是，该领域如此关注算法技术突破、产品增量提升和产品便利性提高是有重要原因的。这种狭义的、抽象的分析非常适用于技术、资本和治理交汇处的权力结构。为了理解AI在根本上是如何政治化的，我们需要超越神经网络和统计模式识别的狭义定义，我们要问的是什么正在被优化、为谁优化，以及由谁来决定。然后，我们就可以追溯这些选择的含义。

将AI视作导航图

导航图可以帮助我们理解人工智能是怎样被制造的。导航图为我们提供了一些不同的东西，是一种不同寻常的知识产品。它是不同部分、不同分辨率的地图的集合，从地球的卫星视图到小岛的放大细节。当你打开一本导航图时，可能在寻找关于某个特定地点的具体信息，或者你只是在跟随自己的好奇心漫游，想发现意想不到的路径和新的视角。正如科学史学家洛林·达斯顿（Lorraine Daston）观察到的，所有的科学导航图都试图训练眼睛，将观察者的注意力集中在特定细节和重要特征上。导航图呈现了一种科学认可的独特视角（特定的规模、分辨率、纬度和经度），以及一种形式感和一致性。

然而，导航图既是一种创造性行为（一种主观的、政治的和审美上的介入），也是一种科学收藏。法国哲学家乔治·迪迪–于贝尔曼（Georges Didi-Huberman）认为，导航图是一种存在于视觉审美范式和知识认知范式中的东西。通过将两者联系在一起，它颠覆了科学和艺术

9

永远完全分离的观点。相反，导航图为我们提供了重新阅读这个世界的可能性，即以不同的方式将不同的碎片连接在一起，将它们"重新编辑并重新拼凑在一起，而不会认为我们正在总结或消耗它"。

也许我最喜欢的关于制图理论为何有用的解释来自物理学家兼技术评论家厄苏拉·富兰克林（Ursula Franklin）：

> 地图代表着有意义的努力：它们是有用的，可以帮助旅行者弥合已知和未知之间的鸿沟；它们是集体知识和洞见的证明。

地图，在最好的情况下，可以为我们提供一个原则概要（共有的观察和认知方式），可以混合并组合在一起，形成新的相互联系和探索区域。但是也存在政治地图，在这些国家地图上，领土是沿着权力的断层线划分的：它们标志着对边境线附近争议地区的直接干预，也揭示了帝国如何一步步占领和控制不属于自己的土地。

通过援引导航图，我提出一种新的看待人工智能的方式。我们需要一种人工智能理论，该理论关乎推动并支配AI的工业帝国，关乎在这个星球上留下印记的采矿行为，还关乎对各种形式的数据的大规模创建和采集活动，及其背后的严重不平等现象和日益加剧的剥削劳工的做法。这些都是AI中不断变化的权力结构。地图隐喻让我们能够以不同的方式来看待AI，而不是简单地考虑计算智能的抽象前景或创建机器学习模型的最新方法。它要求我们走遍AI涉及的许多不同领域，远远超出当前争论的狭小范围。

还有一种非常具体的方式可以用来说明导航图在这里的相关性。AI正试图以一种清晰可辨的计算方式重新绘制地球的地图。这与其说是一个隐喻，不如说是一种直接的野心。AI行业正在制作和规范属于自己的专有地图，从一个秘密和中心化的上帝视角来观察人类的活动、交流和劳动。AI科学家已经表达了他们想要占领世界，并取代其他形式的认知的渴望。AI教授李飞飞（Li Fei-Fei）将她的图网（ImageNet）项目①描述为旨在"绘制出整个客体世界"。在罗素和诺维格的读本中，他们将人工智能描述为"与任何智力任务相关……确实是一个包罗万象的领域"。人工智能领域的创始人之一、面部识别的早期实验者伍迪·布雷索（Woody Bledsoe）声称，"从长远来看，人工智能是唯一的科学"。这不是想要用人工智能创建一个世界导航图，而是想要人工智能成为导航图本身——一种独特且唯一的看待世界方式。这种"殖民"冲动将权力集中在AI领域，作为衡量和定义世界的中心坐标系，同时否认了该观点的内在政治性。

本书只是管中窥豹，但通过带你一起探索，我希望向你展示我的观点是如何形成的。我的思想来自科技、法律和政治哲学的传统，以及十年来在工业AI研究实验室的工作。就像任何集体测绘活动一样，之前的学者们丰富了我的理解，特别是杰弗里·鲍克（Geoffrey Bowker）、本杰明·布拉顿（Benjamin Bratton）、洛林·达斯顿、彼得·伽里森（Peter Galison）、伊恩·哈金（Ian Hacking）、曼纽·德·兰达（Manuel De Landa）、阿朗德拉·尼尔森（Alondra Nelson）、苏珊·利·斯塔尔（Susan Leigh Star）和康乃尔·韦斯特（Cornel West）等诸多学者，他们带来了理解科学的历史观、政治观和哲学观。那些广为人知和鲜为人知的计算领域，我都有所涉足，

---

① 图网（ImageNet）项目是一个用于视觉对象识别软件研究的大型可视化数据库，是目前世界上有关图像识别最大的数据库之一。——译者注

包括那些从未出现在有着蓝色的二进制数字和放大的大脑图形的营销手册中的地方：矿井、耗能数据中心的长廊、尘土飞扬的人类学档案，以及交货仓库里荧光灯下的吊架。

正如制作导航图可以有许多种方法，人类如何使用人工智能也有很多种可能。人工智能系统的扩张似乎看起来不可避免，但它们是有争议的和不完整的。AI领域的潜在愿景并不是自发形成的，而是由一系列特定的信念和观点构建起来的。当代AI导航图的主要设计者是一个非常小且同质化的群体，他们分布在少数几个城市，在目前世界上最富有的行业工作。在一副中世纪欧洲的"世界地图"（*mappae mundi*）（见图0.2）中，宗教及古典概念被像坐标一样描绘

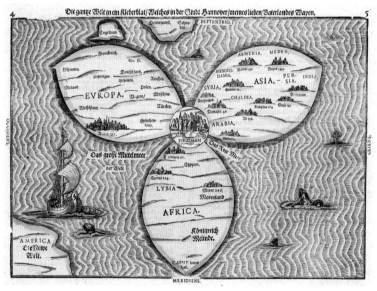

图0.2　海因里希·本廷（Heinrich Bünting）的"世界地图"（*mappa mundi*），被称为"本廷三叶草世界地图"（*The Bünting Clover Leaf Map*），象征着基督教三位一体，耶路撒冷位于世界中心。来自1581年在马格德堡（Magdeburg）首次出版的《神圣抄本之旅》（*Itinerarium Sacrae Scripturae*）

出来。同样地，AI地图是对世界如何运作的主观信念的反射，而非对客观自然的反射，尽管这一点很少得到承认。

这本书是基于"殖民"地图的绘制逻辑组织的，这幅地图中包括了所有能帮助我们更好地理解人工智能的故事、地点和知识储备。

计算拓扑学

我的核心问题是：在21世纪的这个时刻，AI是如何真正被概念化和建构的？在社会转向人工智能的过程中有什么利害关系？这些系统解释和绘制世界地图的方式中包含着什么样的政治？将AI和相关算法系统纳入教育和医疗保健、金融、政府运营、工作交际与招聘、通信系统和司法系统等社会机构的决策系统会产生什么样的社会和物质后果？本书不是关于代码和算法的描述，也不是关于计算机视觉、自然语言处理或强化学习的最新思想，其实很多书已经这样写了。本书也不是对单个社区的人种学描述，以及人工智能对其工作、住房或医疗体验的影响——尽管我们当然需要更多这样的描述。

相反，本书是对人工智能及其逻辑、材料和成本的一个扩展视图。AI不是一个单一的东西，而是一幅完整的图景——一个行业、一种意识形态、一种观察方式、一种哲学、一个研究领域和一个营销术语。为了探索这片广袤的土地，我们将进行一系列的旅行，前往那些揭示人工智能本质的地方。

在第一章中，我们从美国内华达州的锂矿开始讲述，这是推动当代计算能力所需的众多矿场之一。挖矿是我们最能从字面意义上看到人工智能的攫取性政治的地方。科技行业对稀土矿物、石油和煤炭的需求巨大，但这种开采的真正成本从来都不是由行业本身承担。在软件方面，自然语言处理和计算机视觉的模型建构极度需要能源，而生产更快、更高效模型的竞争推动了贪心算法，拓宽了AI的碳足迹（carbon footprint）[①]。我们将从环境与人文的角度追踪这一行星级别的计算网络的诞生地，看看它们如何改造地球。

第二章展示了人工智能如何由人类劳动构成。我们考察拿低廉工资的工人如何通过点击微任务（micro-tasks）来创造AI的"魔力"，使数据系统看起来比实际更智能。我们的旅程将进入亚马逊的仓库，那里的工厂工人必须及时跟上一个庞大物流帝国的算法节奏；我们将拜访芝加哥"拆卸"生产线上的肉类加工工人，他们在那里分割动物屠体并为消费做准备。我们还会遇见那些抗议的工人，他们反对AI系统协助老板加强监控和控制的方式，包括从在工作场所对身体的控制到对时间本身更抽象的控制。

劳动也是一个关于时间的故事。协调人类的行动与机器人和流水线生产设备的重复运动需要在空间和时间上对身体进行控制。从秒表的发明到谷歌的TrueTime应用，时间协调的过程是工作场所管理的核心。AI技术既需要更精细、精确的时间控制机制，又为此创造条件。协调时间需要更多关于人们做什么、何时做以及如何做的更详细的信息。工作场所AI系统在后台的工作，为以牺牲他人为代价使一些人受益创造条件。

---

① 碳足迹，是指企业机构、活动、产品或个人通过交通运输、食品生产和消费以及各类生产过程等引起的温室气体排放的集合。——译者注

第三章着重介绍了数据在人工智能领域中的作用。目前，所有可公开访问的数字材料（包括个人数据或具有潜在破坏性的数据）正在被收集到用于建立AI模型的训练数据集中。有许多巨大的数据集可供使用，数据库中充满了例如人们的自拍、手势、开车的人、婴儿、城市街道上的行人等数据，所有这些都是为了改进面部识别和目标检测的算法。我认为已经发生了一种政治转向，即这些数据集合不再被视为人们的个人资料，而仅仅是作为基础设施。图像或视频的特定含义或语境被认为是无关紧要的。除了与隐私有关的明确问题，目前在AI中处理数据的做法还引起了人们在伦理、方法论和认识论方面的深切关注。

那么这些数据是如何被使用的？在第四章中，我们着眼于人工智能系统中的分类做法，社会学家卡瑞恩·克诺尔·塞蒂娜（Karin Knorr Cetina）称之为"认知机制"（epistemic machinery）。我们将看到当代系统如何使用标签来预测人类身份，通常使用的是二元性别、本质化的种族分类以及对性格和信用"价值"等问题的评估。一个标志将代表一个系统，一个代理服务将代表真实身份，一个"玩具"模型将代替无限复杂的人类主体性。通过观察分类的方式（从17世纪的百科全书到当代计算机视觉的数据集），我们看到了社会组织的技术模式是如何强化等级制度并扩大不平等的。最糟糕的是，机器学习给我们提供了一种规范推理机制，当这种机制占上风时，就会成为一种强大的统治理性。

我们将从这里前往巴布亚新几内亚的山区城镇，探索所谓的"情感识别"（affect recognition）的历史，即如何通过捕捉一个人的面部表情预测其情绪状态。第五章仔细探讨了心理学家保罗·艾克曼（Paul Ekman）的观点，即从人脸可以看出六种普遍的情绪状态。科技公司正在将这种模式应用到情感识别系统中，作为一个预计价值超过900亿美元的产业的一部分。但是围绕情绪检测存在巨大的科学争议，最乐观的观点认为它是不完整的，而最糟糕的声音则认为它是完全未经证实的。尽管其科学前提尚不稳定，但这些工具已经迅速被应用到招聘、教育和警务系统中。

在第六章中，我们将探讨人工智能系统被用作国家权力工具的方式。人工智能在军事方面的历史和现状塑造了我们今天所看到的关于监控、数据提取及风险评估的实践。但如今，科技行业与军方之间的深层互联正受到控制，以满足强劲的民族主义议程的诉求。与此同时，曾经只有情报界使用的法律管理之外的工具现已散布开来，从军事领域转移到商业技术领域，用于教室、警察局、工作场所和失业办公室。塑造AI智能系统的军事逻辑如今已成为市政工作的一部分，进一步扭曲了国家和民众之间的关系。

结语部分评估了人工智能作为一种结合基础设施、资本和劳动力的权力结构是如何发挥作用的。从优步司机被催单，到无证件移民被跟踪，再到在家中与面部识别系统抗争的公房租户，AI系统是建立在资本、警务和军事化逻辑的基础之上的——这种结合进一步扩大了现有的权力不对称。AI观察社会的方式结合了抽象与提炼的方法：将制造它们的物质条件抽象化，同时从那些最无力抵抗的人那里提取更多的信息和资源。通过观察人工智能设计和使用中的权力动态，我们可以看到高度集中和不透明的制度所带来的根本性的民主挑战，这些制度在公共机构和私人决策中发挥着重要作用，但其首要任务却为股东利益所驱动。

提取，权力和政治

▼

因此，人工智能是一种理念、一种基础设施、一种产业、一种行使权力的形式和一种观察的方式；它也是一种高度组织化的资本的表现，由供应链环绕整个地球的巨大的开采和物流系统所支持。所有这些都是人工智能的一部分：一个由四个字组成的词语，映射着一系列复杂的期望、意识形态、欲望和恐惧。

尽管人工智能有很多特点，如可塑性、混乱性、特定的空间和时间范畴等，但在历史的这一时刻，与这种多重性对抗对我们很重要。AI作为一个术语的混杂性，及其对重新配置的开放性，意味着它可以用在多个方面：它可以指一切事物，从亚马逊智能音箱（Amazon Echo）这样的消费类设备，到无名的后端处理系统；从狭义的技术论文到世界上最大的产业公司。"人工智能"这一术语的广度让我们能够思考很多事情，以及它们是如何重叠在一起的：从情报政治到大规模数据收集；从技术部门的产业集中到地缘政治军事力量；从隔绝的社会环境到通过这些不透明系统对妇女、有色人种和残疾人的持续歧视，系统可以预测谁将成为优秀的员工、专注的学生以及谁将成为暴力的惯犯。

我们的任务是对宏观领域保持敏感，观察"人工智能"这一术语含义的变化和可塑性——它就像一个容器，里面不断地被放入各种东西，然后又被取出——因为那也是故事的一部分。

简单来说，人工智能现在是能够塑造知识、交流方式和权力的重要角色。相关重构发生在认识论、正义原则、社会组织、政治表达、文化、对人体的理解、主体性和身份的层面，即人工智能决定了我们是什么，我们可以是什么。我们也可以进一步理解。人工智能不仅是重新映射世界和改造世界的过程，而且是创造世界的一种基本政治形式——尽管它自己并不承认。此外，这一过程本质上不是民主的，而是由六家控制大规模行星计算的公司组成的AI大家族所主导。

如今，更多的社会机构受到大型科技公司的工具和方法的影响，这些工具和方法塑造了它们的价值观和决策方式，并对他们所做的事情和谁可以从中受益等方面产生了一系列复杂的下游效应。技术官僚权力的强化已经进行了很长一段时间，但这个过程现在加快了；部分原因是在经济紧缩和合同外包时期工业力量的集中，包括缩减曾经作为市场制约力量的社会福利制度和机构的资金。这些只是我们要与作为一种政治、文化和科学力量的AI抗衡的一部分重要原因。

我们正处于一个关键的历史时刻，随着"人工智能"作为一种思想和物质实践在我们的社会中传播，我们已经达到了哲学家艾蒂安·苏里欧（Étienne Souriau）所说的"质疑情境"（questioning situation）。我们处于这个时刻里就需要对人工智能的生产和接受提出关键性问题。问题应该包括：我们如何定义AI，它为谁服务，以及界限应该在哪里。这意味着要考虑这些技术所处的更广阔的领域，以及它们直接和间接提取自何处，以及谁将面临最大危害。正如厄苏拉·富兰克林所写的那样，"就像民主一样，技术的可行性最终取决于司法实践和对权力的限制"。

我们需要对错综复杂的技术和政治结构提出一些尖锐的问题。其中一些问题不会有简单的答案。但本书讨论的并不是一场无法解决的灾难或一条不归路——这样的思维方式会使我们无法采取行动。事实上，司法实践中有许多可行的路径。但本书也不是带有简单"解决方案"清单的简化图。我不能宣称我们在这里探讨的复杂问题都有答案。相反，将其当作一张地图，可以帮助我们了解我们身在何处，以及我们可以去往何处。我们的目标是共同探索边界，拓展我们对AI帝国正在发生的事情的理解，看看什么是利害攸关的，并就接下来会发生的事情做出更好的集体决策。为了实现这些，我们首先必须打开导航图，看看我们可能要去向何方。

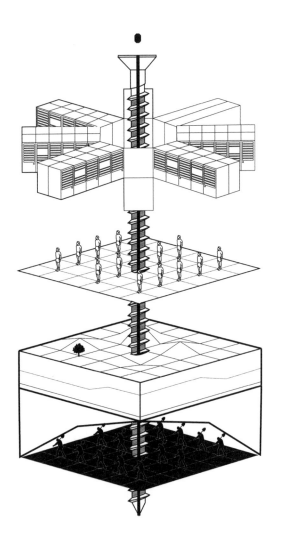

第一章

地球①

　　一架波音757客机从圣何塞上空倾斜飞过，即将抵达旧金山国际机场。飞机左翼下降，对准跑道降落，展现在眼前的是一幅科技行业最具代表性的地标的鸟瞰图。飞机下方就是硅谷的那些大型商业帝国：苹果总部巨大的黑色圆环形建筑像无盖的相机镜头那样排列着，在阳光下闪闪发光；谷歌总部比邻美国宇航局（NASA）的莫菲特联邦机场，这里曾经是第二次世界大战期间美国海军的一个基地，现在被谷歌高管租赁60年，作为他们的私人机场。排列在谷歌总部所在地附近的是洛克希德·马丁公司的大型制造工棚，这家武器制造商在那里开发了数百颗用以俯视地球活动的轨道卫星。唐巴顿大桥旁边出现的低矮楼群是脸书（英文名曾为Facebook，现部分品牌改名为Meta）本部，周围环绕着大型停车场，紧靠雷文斯伍德斯劳的

---

① 本书介绍了人工智能技术在美国的前沿理论与实践，具体应用以我国法律法规为准。——编者注

硫酸盐池。从这个有利的角度来看，帕洛阿托不起眼的郊区死胡同和并不高的天际线几乎没有透露其真正的财富、权力和影响力。很少有迹象表明它在全球经济及计算机基础设施方面的中心地位。

我来这里是为了了解人工智能，以及它是怎么产生的。但要做到这一点，我需要完全离开硅谷。

我从机场跳上一辆面包车，向东驶去。跨过圣马特奥–海沃德大桥，经过劳伦斯利弗莫尔国家实验室，在第二次世界大战后的几年里，爱德华·泰勒（Edward Teller）就是在这里把他的研究聚焦于热核武器。很快，内华达山脉的山麓丘陵就越过了位于中央山谷的斯托克顿和曼特卡。道路从此处开始蜿蜒穿过索诺拉山口高大的花岗岩悬崖峭壁，然后沿着山脉的东侧向点缀着金色罂粟花的青草山谷延伸。松林让位于莫诺湖的碱性水域以及大盆地和内华达山脉的干涸沙漠地貌。为了加油，我把车开进霍桑，这里是世界上最大的弹药库所在地，山谷中整齐排列着数十个布满尘土的庙塔，美国军队的武器就存放其中。在内华达州265号高速公路上又行驶了几个小时后，我看到远处有一座孤零零的伏塔克（VORTAC）电塔，这是一座为全球定位系统（GPS）之前的时代设计的大型保龄球针无线电塔。它只有一个功能：向所有经过的飞机广播"我在这里"，以此作为偏僻地带中的一个固定参照点。

我的目的地是位于内华达州克莱顿谷银峰（Silver Peak）（见图1.1）的未建制社区，大约有125人居住在那里，具体人数取决于你如何计算。这座采矿小镇是内华达州最古老的小镇之一，1917年，在地下的金银被刊掘殆尽后，这里几近废弃。一些"淘金热"时代的建筑依旧矗立着，在沙漠的阳光下遭到侵蚀。这个小镇可能很小，废弃的汽车比人还多，但这里藏有罕见的东西。小镇坐落在

图1.1　银峰锂矿（摄影：凯特·克劳福德）

一个巨大的地下锂湖边上。地表下价值非凡的含锂卤水被抽空，留下了空旷、流光溢彩的绿色池塘独自蒸发着。几公里外就能看到这个闪烁发光的池塘。走到近处观看，又是另一番景象。异形黑色管道在地面上喷发，在布满盐层的地面上蜿蜒而行，在浅沟里进进出出，将这些盐碱混合物运送到干燥皿里。

就在此处，内华达州的这个偏远角落里，AI的材料被制造出来。

AI的挖掘

克莱顿谷与硅谷的联系和19世纪的金矿区与早期旧金山的关系非常相似。采矿的历史就像它所留下的破坏一样，通常伴随着技术进步的故事在选择性失忆中被忽视。正如历史地理学家格雷·布里金（Gray Brechin）所指出的那样，旧金山是在19世纪从加利福尼亚州和内华达州的土地上淘金挖银所得的收益中建立起来的。这座城市是基于采矿业建成的。1848年美墨战争结束时，根据《瓜达卢佩-伊达尔戈条约》的规定，墨西哥将这些土地割让给美国，当时的定居者已经清楚这些土地会是价值连城的金矿。布里金注意到，这是关于那句古老的格言"贸易追随旗帜，旗帜追随选择"的一个极好的例子。在美国领土大扩张期间，成千上万的墨西哥人被迫离开家园。在美国大规模侵入之后，矿工也随之迁入。这片土地被剥夺，直到水路被污染，周围的森林被破坏。

自古以来，采矿业之所以有利可图，是因为它并不考虑其真正的代价：如环境破坏、矿工的疾病和死亡，以及那些因此而被迫迁出的社区的消失。1555年，被称为"矿物学之父"的格奥尔格乌斯·阿格里科拉（Georgius Agricola）指出："众所周知，采矿造成的危害远大于其产出的金属的价值。"换言之，那些从采矿中获利的人之所以能够这样做，是因为代价必须由其他人来承受，包括活着的人以及尚未出生的人。在贵重金属上贴个价签是很简单的事，但一片原野、一条清澈的溪流、可呼吸的空气以及本地社区的健康的确切价值如何计算？这些从未被估价，由此出现了一个简单的算计：尽可能快地提取一切。这是海盗名言"快速行动，打破局面"在另一个时代的再现。这样做的结局是中央山谷被严重破坏，就像一位旅行者在1869年所观察到的那样，"龙卷风、洪水、地震和火山爆发加在一起，都很难造成比淘金行动更大的浩劫和范围更大的毁灭与破坏。在加利福尼亚州，采矿业不尊重任何权利。这里利益至上"。

当旧金山从采矿中获取巨额财富时，人们很容易忘记它来自何方。这些矿井远离因它们而变得富裕的城市，这种远离让城市居民对发生在山川、河流和给予他们财富的劳工们身上的一切一无所知。但是引起关于矿井的记忆的东西无处不在。这座城市的摩天大楼使用了和中央山谷矿井深处相同的技术来驱动垂直运输、通信与生命保障。将矿工向下送入矿井的滑轮系统经过改造和倒置，把乘坐电梯的人送到城市摩天大楼的顶部。布里金建议我们应该把旧金山的摩天大楼看作倒置的矿井景观。从地下洞穴中开采的矿石被出售，用来建造空中的楼层；开采得越深，高耸入云的办公大楼就建得越高。

旧金山因为黄金而发展起来；矿石承担了所有费用。如今推高股价的变成对白色锂晶体等物质的提取。它在矿产市场被称为"灰色黄金"。

旧金山再度富裕起来。科技产业已经成为新的最高利益，世界上市值最高的五大公司在这里设有办事处：苹果、微软、亚马逊、脸书和谷歌。走过市场街以南的那些初创企业仓库，即矿工们曾经搭帐篷的地方，你可以看到豪车、风险投资支持的咖啡连锁店，以及沿着私人路线行驶的带有有色窗户的豪华巴士，它们将员工运送至他们在山景城或门洛帕克的办公室。但步行很短的路程就到了迪威逊街，这是市场街以南地区与教会区之间的一条多车道大道，那里有一排排的帐篷，为无处可去的人遮风避雨。随着科技的繁荣，旧金山现在是美国街头无家可归者占比最高的地方。联合国适足住房权特别报告员称这是一种"让人无法接受的"侵犯人权的行为，因为成千上万无家可归的居住者得不到水、卫生设施、医疗服务等基本必需品，这与居住在附近的大量亿万富豪形成鲜明对比。提取的最大收益被少数人获取了。

本章将穿越北美、东南亚以及东亚内陆：从沙漠到海洋。我们还将穿越历史的长河，从刚果①的冲突和当今的锡矿开采，到维多利亚时代对白乳胶的热爱。这个范围会变动，在岩石和城市、树木和大型企业、越洋航线和原子弹之间伸缩。但是在这个行星规模的超级系统中，我们可以看到到处都是攫取的逻辑，矿物、水资源和化石燃料不断减少，而这又被战争、污染、物种灭绝所影响，而大规模计算的影响可以在大气、海洋、地壳以及地球的深时②中发现。对世界各地弱势群体的影响总是很残酷。为了对此有所理解，我们需要一幅在全球范围内提取计算资源的全景图。

计算景观

一个夏日午后，我开车穿过沙漠山谷，去看最近的采矿热潮中的矿区。我让手机把我导航到锂池周边，它拴在一根白色USB线上，在仪表板上一个很别扭的位置上回应了我的语音指令。银峰巨大的干涸湖床形成于数百万年前的新近纪。它的周围是结壳层状构造，向上延伸到含有深色石灰岩、绿色石英岩和灰红色板岩的山脊线。锂是在第二次世界大战期间该地区的钾碱被确定为战略矿产之后发现的。在随后的50多年里，这种质地柔软的银白色金属仅被少量开采，直到它成为科技领域里极具价值的材料。

现在情况已经发生改变。2014年，锂矿开采公司洛克伍德控股

---

① 本书提到的刚果均为刚果（金），全称刚果民主共和国。—— 编者注

② 深时是地质时间概念，是地下世界的计时单位。它对时间的计量单位是"世"和"宙"。而人类现在所处的"人类世"，用深时衡量眨眼间就会从地球消失。
　　——编者注

公司被化工制造公司雅宝以62亿美元并购，成为美国唯一一个正在运营的锂矿。银峰是埃隆·马斯克（Elon Musk）和其他许多依赖锂矿的科技大亨非常感兴趣的地方，原因之一是这个地方可以生产可充电电池。锂是生产锂离子电池的关键元素。例如，智能手机电池通常含有大约8克锂。每一辆特斯拉Model S电动汽车的电池组需要大约7千克的锂。这些类型的电池从来没有打算为像汽车这样高耗电的设备供电，但锂电池是目前大众市场上唯一可用的可充电电池。所有这些电池的寿命都是有限的：一旦降解，它们就被当作垃圾丢弃。

距离银峰北部大约320千米的地方是特斯拉超级工厂。这是世界上最大的锂电池厂。特斯拉是全球第一大锂离子电池消费者，它从松下和三星大量购买电池，并将其重新包装成为轿车和家用电池充电器里的"能量墙"。特斯拉目前每年需要2.4万吨氢氧化锂——占地球总消耗量的一半。实际上，特斯拉可以更准确地被描述为电池企业，而不是汽车公司。镍、铜、锂等关键矿物即将短缺，给公司带来风险，也使银峰的锂湖成为非常理想的选择。获得对该矿的控制权就意味着控制了整个美国的国内供应。

正如许多证据所表明的，电动汽车并不能解决二氧化碳的排放问题。电池供应链上的开采、冶炼、输出、组装和运输对环境有着巨大的负面影响，进而对受其降解影响的社区产生巨大的负面影响。少数家用太阳能可以自行发电，但是在绝大多数情况下，为电动汽车充电需要从电网获取电力，目前美国只有不到五分之一的电力是由非化石燃料生产的。到目前为止，所有这些都没有削弱汽车制造商与特斯拉竞争的决心，给电池市场带来的压力越来越大，必要矿物质的储存也在加快减少。

全球计算与贸易对电池的依赖程度惊人。"人工智能"这个术语可能会涉及算法、数据和云架构的概念，但如果没有构成计算机核心元件的矿产和资源，这些概念都无法发挥作用。可充电锂离子电池是移动设备、笔记本电脑、家用数字助理和数据中心备用电源的必需品。它们支持着互联网和互联网上运行的所有商业平台，从银行到零售再到股市交易。现代生活的很多方面都被转移到了"云端"，但人们很少考虑这些原材料的成本。我们的工作、个人生活、病历、闲暇时间、娱乐和政治利益——所有这一切都发生在网络计算架构的世界里，而由云计算联通的我们拿在手中的设备，其内核为锂。

AI的挖掘既有字面意义，又有隐喻意义。数据挖掘的新攫取主义包含并推进了传统挖掘的旧攫取主义。驱动人工智能系统所需的堆栈远远超过数据建模、硬件、服务器和网络的多层"技术堆栈"（technical stack）。AI的"全栈供应链"（full-stack supply chain）涉及资本、劳动力、地球资源——每一个方面的需求量都很大。

云是人工智能行业的支柱，它由岩石、锂卤水和原油制成。

理论家尤西·帕里卡（Jussi Parikka）在其著作《媒介地质学》（*A Geology of Media*）中建议我们不要从马歇尔·麦克卢汉（Marshall McLuhan）的角度——媒介是人类感官的延伸——来看待媒体，而应该将其看作地球的延伸。计算媒体参与地质学（以及气候学）进程的方式包括，从把地球物质转化成基础设施和设备，到利用石油和天然气储备为这些新系统提供动力。将媒介与技术视为地质过程的反思，使我们开始考虑到推动当前技术发展所需的不可再生资源的彻底枯竭。从网络路由器到电池再到数据中心，AI系统扩展网络中的每一部分都是由需要数十亿年才能在地球内部形成的元素构建而成的。

从深时的角度来看，为了当下科技时代的一瞬间，我们正在提取地球的地质历史，开发像亚马逊智能音箱和苹果这样的设备，这些设备通常被设计为只能使用几年。美国消费者技术协会指出，智能手机的平均寿命只有4.7年。这种报废周期刺激人们购买更多的设备，抬高了利润，并增加了使用不可持续提取方法的动机。经过缓慢的发展过程后，这些矿物、元素和材料经历了一个异常快速的挖掘、加工、混合、冶炼和物流运输阶段，以及跨越数万公里后的转化。一开始矿石被从地下取出，在弃渣、尾矿被丢弃之后，设备被制造出来，然后被运输到消费者手里和使用，最终在加纳和巴基斯坦的电子垃圾倾倒场报废。AI系统从诞生到死亡的生命周期有许多分形供应链：对人类劳动和自然资源进行各种形式的开发，以及企业和地缘政治力量的大规模集中。在整个链条上，持续、大规模的能源消耗使循环持续进行。

旧金山开创的攫取主义[①]，依然在今天把总部设在那里的高科技部门的实践中回响。AI的巨大生态系统依赖各类攫取：从获取我们日常活动和表达所产生的数据，到消耗自然资源，再到利用全球各地的劳动力，由此方可建立和维持这个巨大的行星网络。AI从我们身上和地球上提取的东西远比人们所知的要多。旧金山湾区是AI神话的中心节点，但我们需要去往远远超出美国的地方，才能看到为科技产业发展提供动力的人类和环境破坏的多重遗留问题。

矿物层

内华达州的锂矿只是从地壳中提取AI原材料的地方之一。地球

---

① 桑德罗·梅扎德拉（Sandro Mezzadra）和布雷特·尼尔森（Brett Nielson）使用"攫取主义"（extractivism）一词来命名当代资本主义中不同形式的攫取操作，我们在人工智能行业的背景下看到了这种操作重现。

上还有很多这样的地方，像玻利维亚西南部的乌尤尼盐沼，这里是世界上锂资源最丰富的地方，正因如此，这里成为一个政治局势持续紧张的地方，此外还有刚果中部、蒙古国、印度尼西亚和西澳大利亚的沙漠地区。这些地方都是AI生命周期的起点，但几乎不被承认。如果没有这些地方的矿物，现如今的计算根本无法运行。但是，这些材料的供应日趋紧张。

美国地质调查局的科学家公布了一份候选名单，其中列出了2020年的制造商面临高"供应风险"的23种矿物，这意味着如果无法保证这些矿物的供应，包括科技部门在内的整个行业都将陷入停滞。这些关键矿物包括用于iPhone扬声器和电动汽车电机的稀土元素镝和钕，用于士兵的红外军事设备和无人机的锗，可以提高锂离子电池性能的钴。

共有17种稀土元素经过处理并被嵌入笔记本电脑和智能手机中，它们使这些设备更小、更轻。这些元素可以在彩色显示屏、扬声器、相机镜头、可充电电池、硬盘驱动器和其他许多组件中找到。它们是从移动通信塔中的光纤电缆和信号放大装置到卫星和GPS技术等通信系统中的关键元素，但从地下开采这些矿物会引发地方地缘政治冲突。采矿一直都是一项残酷的事业。要了解AI事业，我们必须考虑到采矿带来的战争、饥荒和死亡。

最近，美国立法对这17种稀土元素中的一些进行了监管，但只是暗示了与其开采相关的破坏。美国2010年出台的《多德-弗兰克法案》（Dodd-Frank Act）聚焦于2008年金融危机之后的金融部门改革，该法案包括一项关于所谓的冲突矿产（conflict minerals）的条款。冲突矿产即在冲突地区开采并出售，继而助长冲突的自然资源。那些使用刚果周边地区的金、锡、钨和钽的公司现在需要提供一份报告，以追踪这些矿物的来源，以及其销售是否为该地区的武装组织提供了资金。与"冲突钻石"一样，"冲突矿产"一词掩盖了采矿业带来的深重苦难和大量杀戮。采矿利润为刚果地区长达数十年的冲突中的军事行动提供了资金，导致了数千人死亡，数百万人流离失所。此外，矿井内的工作条件相当于现代的奴隶制。

英特尔（Intel）公司经过4年多的持续努力才对自己的供应链有了基本的理解。英特尔的供应链非常复杂，100多个国家的19000多家供应商为公司的生产流程、生产设备以及物流和包装服务提供直接材料。此外，英特尔和苹果公司只对冶炼厂（并非实际矿场）进行审计，从而确定矿物是在无冲突状态下被提取的，它们为此遭到批评。科技巨头们评估的是不在刚果的冶炼厂，而且审计工作通常由当地人进行。因此，即使是科技行业的无冲突认证现在也遭到了质疑。

总部位于荷兰的科技公司飞利浦（Philips）也声称，它正努力使其供应链"无冲突"。和英特尔一样，飞利浦拥有数万家不同的供应商，每一家供应商都为公司的制造过程提供不同的零部件。这些供应商本身也与下游的数千家零部件制造商有着联系，这数千家制造商从数十家冶炼厂采购经过处理的材料。这些冶炼厂转而从数量不详的贸易商那里购买材料，这些贸易商直接与合法或非法的采矿企业进行交易，以获取最终制成计算机组件所需的各种不同矿物。①

计算机制造商戴尔（DELL）公司表示，金属和矿物供应链的

---

① 在《力量元素》（*The Elements of Power*）一书中，大卫·亚伯拉罕（David S. Abraham）描述了全球电子供应链中稀有金属贸易商的隐形网络："稀有金属从矿场进入你的笔记本电脑是通过一个由贸易商、处理器和零部件制造商组成的不透明网络实现的。交易者不仅是买卖稀有金属的中间人，他们还矫正信息，是确定金属工厂和我们的笔记本电脑之间的网络的隐藏力量。"

复杂性对无冲突电子元件的生产构成了几乎无法克服的挑战。这些元素像洗钱一样被流水线上的大量实体过手，让找到它们的来源几乎不可能——至少最终产品制造商是这样声称的，这让他们在某种程度上可以合理地否认任何驱动其利润的剥削行为。

就像19世纪服务旧金山的矿山一样，科技行业的开采依赖于人们看不见的实际成本。从企业通过第三方承包商和供应商保护自己的方式，到向消费者推销和宣传商品的方式，对供应链的无知已经融入资本主义。这不仅仅是看似合理的否认，更是一种熟练的欺骗：左手如果想不知道右手在做什么，就需要增加越来越奢华、结构复杂的形式来疏远它。

为战争提供资金的采矿是有害开采的最极端案例之一，大多数矿物并非直接来自战争地区。然而，这并不意味着这些矿物与人类苦难和环境破坏无关。对冲突矿物的关注固然重要，然而这些关注也同样被用来转移人们对显而易见的采矿危害的注意力。如果我们去参观为了建立计算系统而进行的矿物开采的主要地点，我们会发现，酸性物质充斥着河流，土地上空无一人，曾经对当地生态至关重要的动植物物种也灭绝了，令人非常压抑。

锡矿和白乳胶

印度尼西亚小岛邦加和勿里洞，位于苏门答腊海岸附近。印度尼西亚90%的锡产自邦加和勿里洞，锡是半导体的原材料。印度尼西亚是世界第二大锡出口国。印度尼西亚国有锡矿公司蒂玛（PT Timah）既直接向三星（SAMSUNG）供货，也向焊料制造商晟楠

（Chernan）公司和升贸（Shenmao）公司供货，而后者又为索尼、LG公司和富士康供货，这些公司都是苹果、特斯拉和亚马逊的主要供应商。

在这些小岛上，未经正式聘用的灰色市场矿工坐在临时浮筒上，用竹竿刮海床，之后他们会潜入水下，通过一个巨大的像吸尘器一样的真空管从海床表面吸取锡。矿工们把他们收集的锡卖给中间商，中间商也从在合法矿场工作的矿工那里收集矿石，然后将它们混合在一起卖给像蒂玛这样的公司。这个过程完全不受监管，超出了任何正式用工或环境保护规则的范围。正如调查记者凯特·霍德尔（Kate Hodel）所报道的，"锡矿开采是一项利润丰厚但具有破坏性的贸易，它破坏了岛上的景观，铲平了岛上的农场和森林，杀死了鱼群和珊瑚礁，并削弱了美丽的棕榈海岸的旅游业。从空中可以清晰地看到这种被破坏的景象，茂密的森林在大片贫瘠的橘色土地中挤作一团。没有矿区的地方布满了坟墓，许多坟墓里埋葬着几个世纪以来因挖锡矿而死去的矿工们的尸体"。矿场无处不在：在后院，在森林中，在路边，在海滩上……这里俨然是一片废墟。

关注我们眼前的世界，关注我们每天看到、闻到、触摸到的世界，这是我们生活中的一种惯常做法。它让我们知道我们所处的位置、我们生活的社区、我们已知的角落和我们关注的问题。但要理解AI的完整供应链，就需要在全球范围内寻找范例，需要对历史和具体危害因地而异但又因多种开采力量而紧密相连的方式有敏感性。

我们可以看到跨空间的开采模式，我们也可以跨时间找到它们。跨大西洋电报电缆是在各大洲之间传输数据的重要基础设施，是全球通信和资本的象征。它们也是开采、冲突和环境破坏的物质产物。在19世纪末，一种名为古塔胶木（见图1.2）的特别的东南亚

图1.2　古塔胶木（*Palaquium gutta*）

树种成为科技热潮的中心。这些树主要生长在马来西亚，可以产生一种叫作古塔胶（gutta-percha）的乳白色天然乳胶。1848年，英国科学家迈克尔·法拉第（Michael Faraday）在《哲学》（*Philosophical*）杂志上发表了一项关于使用这种材料作为电绝缘体的研究，此后，古塔胶迅速成为工程界的宠儿。工程师们认为古塔胶可以解决电报电缆的绝缘问题，使其能够承受海底恶劣多变的条件。为了使厚重的镀锌钢丝层不受水的侵害并传输电流，需要一种柔软的有机树液对其进行保护。

随着全球潜艇业务的增长，对古塔胶木的需求也在增长。历史学家约翰·塔利（John Tully）描述了当地的马来人和达雅人（Dayak）如何从砍伐树木和缓慢收集乳胶的危险工作中获得微薄的报酬。乳胶经过加工，然后通过新加坡的贸易市场销售到英国市场，在那里，乳胶被转化成一段又一段环绕全球的海底电缆外护层。直到今天，海底电缆的路线仍然是早期帝国的中心和外围之间殖民网络的标志。

一棵成熟的古塔胶木可以产出大约300克的乳胶。但在1857年，第一条跨大西洋电缆长约3000千米，重达2000吨，这需要大约250吨古塔胶。每生产1吨这种材料就需要大约90万根树干，马来西亚和新加坡的丛林被洗劫一空。到了19世纪80年代初，古塔胶木已经消失殆尽。为挽救这个供应链，英国人在1883年做出最后一搏，通过了一项禁令，禁止采收乳胶，但这种树已经灭绝。

在全球信息社会来临之际，维多利亚时代关于古塔胶的环境灾难展示了技术与其材料、环境和劳动实践的关系是如何交织在一起的。正如维多利亚时代早期的电缆所引发的生态灾难一样，稀土开采和全球供应链也进一步危及我们这个时代脆弱的生态平衡。

行星计算（planetary computation）的史前史中有一些黑色幽默。目前，大规模的AI系统正在推动各种形式的利用环境、数据和人类的方法，但从维多利亚时代开始，出于管理和控制战争、人口和气候变化的愿望，算法计算就出现了。历史学家西奥多拉·德里尔（Theodora Dryer）描述了数理统计学的创始人、英国科学家卡尔·皮尔逊（Karl Pearson）是如何通过开发新的数据架构（包括标准差、相关与回归方法）来解决规划和管理中的不确定性的。这些方法反过来又与种族科学密切相关，正如皮尔逊和他在伦敦大学学院的同事、优生学家弗朗西斯·高尔顿（Francis Galton）所认为的那样，统计数据可能是"探索对一个种族的任何特征进行选择可能产生的影响的第一步"。

正如德里尔所写，"到20世纪30年代末，这些数据架构——回归技术、标准偏差以及相关性——将成为解释世界舞台上社会和国家信息的主要工具。追踪全球贸易的节点和路线就可以发现，两次世界大战期间'数理统计运动'成了一项大事业"。这项事业在第二次世界大战后不断扩张，例如在干旱期间的天气预报等领域使用了新的计算系统，使大规模工业化农场有了更高的生产率。从这一角度来看，算法计算、计算统计和人工智能都是在20世纪发展起来的技术，旨在应对社会和环境挑战，但后来被用于加强工业开采和开发，并进一步消耗环境资源。

"洁净技术"之谜

矿物已经成为AI的支柱，但其命脉仍然是电能。然而，高级计算很少考虑碳足迹、化石燃料和污染；像"云"这样的比喻象征着自然的、绿色的产业中的某种漂浮而微妙的东西。服务器隐藏在不起眼的数据中心之中，它们的污染水平远不如燃煤发电站浓烟滚滚的烟囱那么明显。科技部门大力宣传其环境政策、可持续性举措，以及利用AI作为解决气候相关问题的工具的计划。这一切都是一个没有碳排放的可持续技术产业的高度幻想的一部分。实际上，运行亚马逊网络服务或微软Azure的计算基础设施需要巨大的能量，这些平台上运行的AI系统的碳足迹是巨大的，而且还在不断增长。

简而言之，用学者胡东辉的话说，"云是一种资源密集型的提取技术，它将水和电转化为计算能力，造成相当大的环境破坏，但它把公共视线从这方面转移了。"而这种巨大的能源密集型基础设施几乎完全是私人的。当然，业界一直在努力提高数据中心的能效，并增加对可再生能源的使用。但是，全世界计算基础设施的碳足迹已经与航空业的碳足迹相当，并且还在以更快的速度增长。估算结果各不相同，卢特菲·贝尔基尔（Lotfi Belkhir）和阿迈德·埃尔梅利吉（Ahmed Elmeligi）等研究人员估计，到2040年，科技行业的排放量将占全球温室气体排放量的14%，而瑞典的一个研究团队预测，到2030年，仅数据中心的电力需求就将增加约15倍。

通过仔细观察构建AI模型所需的计算能力，我们可以看到，对速度和精度呈指数级增长的渴望是如何让地球付出高昂代价的。AI训练模型的计算需求及其能耗仍然是一个新兴的研究领域。该领域的一篇早期论文发表于2019年，由马萨诸塞大学阿默斯特分校的AI研究员艾玛·斯特贝尔（Emma Strubell）和其团队完成。他们的研究主题是自然语言处理（Natural Language Processing，NLP）模型的碳足迹，并通过在数十万个计算小时内运行AI模型来估算其碳足迹。最初的数字令人震惊。斯特贝尔的团队发现，仅运行一个NLP模型就产生了30万千克的二氧化碳排放量，相当于5辆汽油动力汽车的整个使用寿命（包括其制造）的排放量，或一架航班从纽约到北京往返125次的排放量。

更糟糕的是，研究人员指出，这种建模只是一种底线上的乐观估计。它并没有反映像苹果和亚马逊这样的公司的真正商业规模，它们在互联网范围内收集数据集，并提供自己的NLP模型，以使Siri和Alexa等AI系统听起来更自然。但科技部门的AI模型所产生的能源消耗的确切数据尚不清晰；这些信息作为公司的高度机密被保存。在这方面，数据经济也是以保持对环境的无知为前提的。

在人工智能领域，根据"越大越好"的信念，标准做法是为了提高性能将计算周期最大化。正如DeepMind[①]公司的里奇·萨顿（Rich Sutton）所描述的，"利用计算的方法最终是最有效的，而且远比其他方法更有效。"AI的测试运行中使用的强力测试计算技术，以及系统地收集更多数据并使用更多计算周期，直到获得更好的结果的做法，已经推动了巨大且不断增长的能源消耗。开放智能（OpenAI[②]）估计，自2012年以来，用于训练单个AI模型的计算量以每年10倍的速度增长。这是因为开发人员"反复寻找并行使用更多芯片的方法，并愿意为此付出经济成本"。仅从经济成本的角度考虑问题，而罔顾对当地环境造成的更为广泛的代价，就会使我们狭隘地将计算循环中的能源消耗视为一种提高增量效率的方式。"计算至上主义"（compute maximalism）的趋势具有深远的生态影响。

数据中心是世界上最大的电力消费者之一。为这样的多级设备供电需要煤、天然气、核能或可再生能源提供的电力。一些公司正在对关于大规模计算能耗日益增长的警告做出回应，苹果和谷歌声称它们是碳中和[③]企业（这意味着他们通过购买信用来抵消碳排放），微软承诺到2030年实现碳排放量为负值。但是这些公司内部的技术工人一直在敦促董事会推动实际减排，而不是出于对环境的内疚而购买赎罪券。此外，微软、谷歌和亚马逊都将其AI平台、工

---

① DeepMind，位于英国伦敦，是由人工智能程序师兼神经科学家戴密斯·哈萨比斯（Demis Hassabis）等人联合创立的人工智能企业，其将机器学习和系统神经科学的最先进技术结合起来，以建立强大的通用学习算法。——译者注

② OpenAI，由诸多硅谷、西雅图科技大学联合建立的人工智能非营利组织。——译者注

③ 碳中和，节能减排术语，是指通过节能减排降低排放量，并依靠植树造林等形式对人类经济社会活动进行抵消，从此实现碳排放对环境的零影响。——译者注

程人员和基础设施授权给化石燃料公司，以帮助它们定位并从地下提取燃料，这进一步导致这个行业成为对人为气候变化负有最大责任的行业。

水资源提供了计算真实成本的另一个故事。美国用水的历史上充满了战争和秘密交易，与计算一样，关于水的交易也是保密的。美国目前建造的最大的数据中心属于犹他州布拉夫代尔的美国国家安全局（National Security Agency，NSA）。自2013年年底投入使用以来，犹他数据中心并不对外开放。但驱车经过邻近的郊区，我在一座长满山艾树的山上找到了一条死路，从那里我可以更近距离地观察这座占地约11.1公顷的设施。该地在政府数据采集时代具有某种象征性的力量，曾在《第四公民》（Citizen Four）等电影中出现，并在数千个有关NSA的新闻报道中出现过。然而，就我个人而言，我觉得它不伦不类、平淡无奇，就是一个巨大的储物容器与一座政府办公大楼的结合体。

鉴于数据中心位于干旱的犹他州，在其正式投入使用之前，关于水资源的争夺就已经开始了。当地记者想确认每天170万加仑水的估计消耗量是否准确，但NSA最初拒绝分享实际用水数据，删除了公共记录中的所有细节，并声称其用水量事关国家安全。反监视活动人士编写了手册，停止为监视水和能源提供物质支持，并声称对用水进行法律控制有可能会导致全中心停止运转。布拉夫代尔市已经与NSA达成了一项多年协议，根据协议，该市将以远低于平均水平的价格出售水，以换取该设施可能给该地区带来经济的增长。无论从哪个角度讲，水的地缘政治现在已经与数据中心的机制和政治、计算以及权力深度结合。从可以俯瞰NSA数据储存库的干燥山坡上来看，所有关于水的争论和困惑都是有道理的：这是一个有界限的景观，这里的社区和栖息地赖以生存的水都被带走用来冷却服务器了。

　　正如采矿业的肮脏工作远离获利最多的公司和城市居民一样，大多数数据中心也远离主要的人口中心，无论是在沙漠还是半工业化的远郊地区。这让我们感觉云离开了我们的视线，被抽象化了，但事实是它在根本上是物质的，并以远未得到充分认识和解释的方式影响着环境和气候。云属于地球，要保持其增长，就需要不断扩展的资源储备和始终运行的物流和运输网络。

物流层

▼

　　到目前为止，我们已经考查了AI的物质材料，从稀土元素到能源。通过将我们的分析建立在AI的特定物质性①（materiality）上——事物、地点和人——我们可以更好地了解这些部分是如何在更广泛的权力体系中运行的。以国际物流设施为例，它们在全球范围内运输矿物、燃料、硬件、工人和消费类AI设备。如果没有货物集装箱这种标准化金属物体的开发和普及，亚马逊等公司所展示的令人眼花缭乱的物流和生产奇观是不可能实现的。就像海底电缆一样，货物集装箱将全球通信、运输和资本行业联系在一起，这就是数学家

---

① 物质性是一个复杂的概念，在科学技术与社会、人类学和媒体研究等领域有大量文献分析它。在某种意义上，物质性指的是利亚·利弗洛（Leah Lievrouw）所描述的"物体和人工制品的物理特征和存在形式，使它们在特定条件下有用并可用"。但正如戴安娜·库尔（Diana Coole）和萨曼莎·弗罗斯特（Samantha Frost）所写，"物质性永远不仅是'纯粹'的物质：一种超越、力量、活力、相关性或差异性，它使物质变得活跃、自主创新、富有成效或毫无成效"。

所称的"最优运输"的实际运用——在这种情况下，便指的是全球贸易路线的空间和资源优化。

标准化的货物集装箱（它们本身是由地球上的基本元素碳和常见元素铁锻造而成的钢制结构）促成了现代航运业的爆发，这反过来又使我们有可能将地球想象成一个巨大的工厂。集装箱是一个单一的价值单位，就像一块乐高积木，在到达最终目的地之前可以行驶数千公里，是更大的运输系统的一个模块化部分。2017年，海运贸易集装箱船的运力接近2.5亿载重吨，主要由丹麦马士基集团（Maersk）、瑞士地中海航运公司（the Mediterranean Shipping Company）、法国达飞轮船有限公司（CMA CGM Group）等大型航运公司主导，每个公司都拥有数百条集装箱船只。对于这些商业企业来说，海运是在全球工厂的循环系统中进行运输的一种相对便宜的方式，但它掩盖了更大的外部成本。正如它们往往忽视AI基础设施的物理现实和成本一样，大众文化和媒体很少涉及航运业。罗斯·乔治（Rose George）称这种情况为"海盲症"（sea blindness）。

近年来，船舶每年产生的二氧化碳排放量占全球二氧化碳排放量的3.1%，超过整个德国的总排放量。为了最大程度降低内部成本，大多数集装箱运输公司大量使用极低等级的燃料，导致空气中硫和其他有毒物质的含量增加。据估计，一艘集装箱船与5000万辆汽车排放的污染差不多，每年约有6万人的死亡可被间接归因于货船业的污染。

即使是像世界航运理事会这样的行业友好信息来源也承认，每年都有数千个集装箱丢失，它们沉入海底或随海浪漂走。有些集装箱携带的有毒物质泄漏到海洋中：其中一个释放了数千只黄色橡皮鸭进入海洋，这些橡皮鸭在几十年的时间里被冲上世界各地的海岸。通常情况下，工人们要在海上度过近10个月的时间，工作的班次往往很长，而且无法与外部通信。

全球物流业最严重的代价由地球大气层、海洋生态系统和海洋生物以及收入最低的工人承担。从用于构建当代网络社会所需的技术和基础设施的材料，到传输、分析和存储流经这些庞大互联系统的数据所需的能源，这些深度关联和成本比通常在企业对AI的想象中表现出的更重要，而且历史也更长。只有考虑到这些隐性成本、这些参与者和系统的广泛集合，我们才能理解日益转向自动化意味着什么。这意味着与脱离尘世的技术想象惯常的运行方式背道而驰。就像对"AI"一词进行图像搜索一样，它会返回数十张发光大脑的图片和漂浮在太空中的二进制代码，适应技术物质性的过程中存在强大的阻力。

因此，我们必须从地球、开采业和工业强国的历史开始，考虑这些模式如何在劳动和数据系统中重复，然后我们就能更好地看出人工智能如何成为这一更大的提取轨迹的一部分。

AI作为巨机器

20世纪60年代末，技术历史学家和哲学家刘易斯·芒福德（Lewis Mumford）提出了巨机器（Megamachine）的概念，用以说明所有系统，无论多么庞大，都是由许多个体参与者的工作组成的。对芒福德来说，曼哈顿计划①是典型的现代巨机器，其复杂性不仅对

---

① 美国陆军部于1942年6月开始实施利用核裂变反应来研制原子弹的计划，亦称曼哈顿计划。——译者注

公众保密，甚至还对分散在全美各地、安全地从事这项工作的数千人保密。在军方的指挥下，总共有13万名工人在完全保密的情况下工作，研发出一种在1945年袭击广岛和长崎时杀死237000人（保守估计）的武器。原子弹依赖一个复杂的、秘密的供应、物流和人力链条。

人工智能是另一种巨机器，是一套依赖工业基础设施、供应链和人力的技术方法，这些技术遍布全球，但一直不透明。我们已经看到，AI远不止是数据库和算法、机器学习模型和线性代数。它的形态是变化的：依赖于制造、运输和体力劳动；数据中心和连接大陆间线路的海底电缆；个人设备及其原始组件；空气传播的信号；互联网产生的数据集；连续的计算周期。这些都是需要付出代价的。

我们已经研究了城市与矿场、公司与供应链之间的关系，以及从南半球获取资源并提供给北半球的开采模式。生产、制造和物流从根本上交织在一起的性质提醒我们，驱动AI的矿场无处不在：它们分散在地球的各个地理位置上，这就是马赞·拉班（Mazen Labban）所说的"行星矿"（planetary mine）。这并不是要否认技术驱动的采矿正在许多特定地点进行着。相反，拉班注意到行星矿的概念对资源开采这一行为进行了扩展和重构，并将采矿行为扩展到世界各地的新空间和互动中。

在人类活动造成的气候变化的影响已经开始显现的历史时刻，寻找新的方法来了解AI系统的深层物质和人文根源至关重要。但言易于行。在某种程度上，部分原因是构成AI系统链的许多行业都决心掩盖它们所做工作的长期成本。此外，构建AI系统所需的资源规模太巨大，知识产权法太令人费解，物流贸易网络太复杂，无法让人完全掌握。但这并没有使尝试的紧迫性有所降低。在本书中，我们将继续讲述和AI相关的环境和劳动力成本的故事，以及从遍布我们日常生活的所有系统和设备中提取数据并将数据分类的故事。

我又去了一次银峰，但在我到达镇上之前，我把面包车停在路边，去看一个饱经风霜的标志。这是内华达州的一个历史标志，为了纪念一个叫布莱尔的小镇的创建和毁灭。1906年，匹兹堡银峰金矿开采公司买下了该地区的矿场。土地投机商预计此处会出现繁荣，于是他们购买了银峰附近所有的可用地块及其水权，将土地价格推高至创纪录的人为高点。但这家矿业公司在向北几公里处进行了勘测，并宣布这里是新城镇所在地：布莱尔。为了溶浸采矿，他们建造了该州最大的一座氰化物工厂，并铺设了从布莱尔枢纽到托诺帕和戈德菲尔德主干线的银峰铁路。简言之，这座城镇蓬勃发展。尽管工作条件恶劣，仍有数百人从各地赶来找工作。但随着采矿活动的频繁进行，氰化物开始污染地面，金银矿层开始衰退和干涸。到1918年，布莱尔已被废弃。这一切在12年内就结束了。这些废墟在当地地图上被标出，步行45分钟即可到达。

这是沙漠中炎热的一天。唯一的声音是金属般的蝉鸣回声和偶尔出现的喷气式客机的隆隆声。我决定开始上山。当我到达位于长长的土路顶端的石头建筑群时，我已经热得筋疲力尽了。我躲在倒塌的废墟中，这里曾经是一个淘金工人的房子。除了一些破碎的陶器、玻璃瓶碎片和生锈的罐头盒，什么也没有留下。在布莱尔繁忙活跃的岁月里，附近有多家蓬勃发展的酒吧，还有一家为游客而建的两层楼的酒店。现在这里是一片被破坏的地基（见图1.3）。

透过曾经有窗户的地方，我们可以看到一路可见山谷的风景。意识到银峰很快也将成为一个鬼城，我内心非常震惊。为了应对大量的需求，目前对锂矿的吸血行径可谓咄咄逼人，但没有人知道还能持续多久。最乐观的估计是20年，但也可能会更早。随后克莱顿山谷下的锂池将被抽干——为制造电池提取锂，这些电池最终将被送往垃圾填埋场，而位于古老的盐湖边上空寂的银峰将回归它以前的生活，虽然它那时已经干涸了。

图1.3　布莱尔（Blair）遗迹（摄影：凯特·克劳福德）

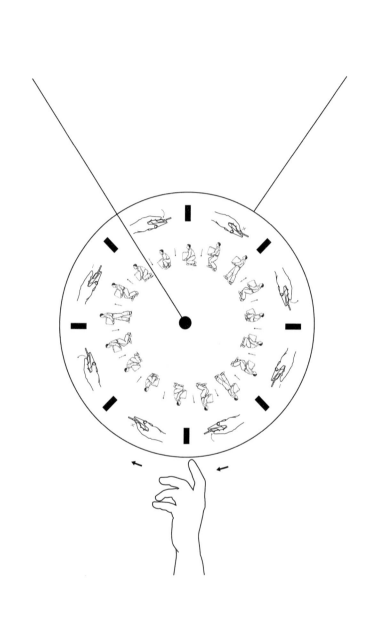

第二章

劳工

当我进入亚马逊公司位于新泽西州罗宾斯维尔的大型履行中心①时，首先映入我眼帘的是写有"考勤钟"的巨大标志（见图2.1）。它们挂在明黄色的混凝土吊架上，这种吊架在占地超过11公顷的巨大厂房中随处可见。这是一个用于配销小型物品的主要仓库——一个美国东北部配送网络的中心网点。它呈现了现代物流业与标准化设施的炫目景象，而这一切都被用来提高包裹交付的速度。入口通道处每隔一定距离都会出现很多考勤钟标志。在这里，每一秒钟的工作都被监控和记录。工人们（公司称他们为伙伴）一到工厂就必须扫描登记。休息间里的考勤钟也起着重要作用——进出房间的所有扫描都会被追踪。为了保持尽可能高的效率，工人们就像库房里的包裹一样被扫描和监控：他们每个班次间只能休息15分钟，

---

① 亚马逊的仓储中心被称为履行中心。

图2.1 位于新泽西州罗宾斯维尔镇的亚马逊履行中心里的员工和考勤钟（美联社照片/胡里奥·科尔特斯）

还有无薪的30分钟用餐时间。所有班次都长达10小时。

这是一个新的履行中心，机器人被用来搬运托盘上装有货物的重型货架。亮橙色的Kiva机器人像活泼的水虫一样平稳滑过水泥地板，它们遵循着预先设定好的程序——缓慢地旋转，然后锁定一条去往等待托盘的工人身边的路。随后它们背着重达1.3吨的货物堆向前移动。这支紧贴地面慢慢移动的机器人大军呈现出轻松又高效的状态：它们搬运、旋转、前进然后重复这个过程。它们发出低沉的嗡嗡声，但这声音几乎完全被淹没在另一种声音里了，那就是充当工厂中枢的快速移动的传送带发出的震耳欲聋的响声。在这个空间里有22千米长的传送带在不停地移动，其结果就是轰鸣声不断。

当机器人在光秃秃的铁栅栏后表演它们协调的算法芭蕾时，工厂里的工人们却远没有那么平静。他们被"拣货率"指标所带来的焦虑驱使着——他们必须在分配给他们的时间内完成一定件数的分拣与包装——这显然会产生负面影响。我在参观中遇到的很多工人都戴着某种支撑绷带。我看到护膝、手肘绷带及护腕。当我注意到很多人似乎受了伤时,带我穿过工厂的亚马逊工人指向了每隔一段距离就有一个的自动贩卖机,"里面为有需要的人准备了非处方止痛药"。

机器人技术已经成为亚马逊物流系统中一个关键部分,当机器把工作完成得很好时,人类员工似乎成了备用选项。他们在等着完成机器人无法完成的特殊的、精细的工作:在最短的时间内拣出并确认人们想要递送回家的所有奇形怪状的东西,从手机壳到洗洁精。人就像必要的结缔组织,把订购的货物装进集装箱和货车,并且交付客户。但他们并不是亚马逊机器中最有价值或最值得信赖的组成部分。每天工作结束时,所有员工必须经过一排金属探测器才能离开。有人告诉我,这是一种有效的防盗措施。

伴随层出不穷的网络技术,"网络数据包"(从一个终端传递到另一个终端的基本数据单位)成为最常用的测量单位。在亚马逊,基本的计量单位是棕色纸箱,就是那熟悉的家用纸箱,上面印着一个模拟人类微笑的弯曲箭头。每个网络数据包都有一个被称为"生存时间"(time to live)①的时间戳。数据必须在生存时间到期之前找到目的地址。在亚马逊,纸箱也有一个由客户的送货需求驱动的生存时间。如果纸箱晚到,亚马逊的品牌声誉会受到影响,利润也终将被影响。所以一种机器学习算法受到了极大的关注,该算法能和

---

① 生存时间指定数据包被路由器丢弃之前允许通过的网段数量。它是IP协议包中的一个值,它告诉网络,数据包是否应因在网络中的时间太长而被丢弃。——译者注

瓦楞纸箱和纸质邮件封套的最佳尺寸、重量及强度有关的数据进行调适。这种算法被称为"矩阵"（the matrix），显然没有讽刺之意。每当有人报告物品破损时，该反馈就成为一个未来应该使用哪种箱子的数据点。下次再邮寄物品时，系统将通过矩阵自动分配一个新型的箱子，不再需要人力投入。这样可以防止破损，节省时间并增加利润。然而，工人们却被迫不断适应新的箱子，这使得他们更难运用自己已有的知识或形成工作惯性。

对时间的控制是亚马逊物流帝国一贯的主题，工人的身体是按照算法逻辑的节奏运行的。亚马逊是美国第二大私营企业，许多公司都在努力效仿它的做法。许多大公司在自动化系统上投入巨资，试图从更少的工人中提取更多的劳动成果。效率、监控和自动化的逻辑都在当前通过算法管理劳动力的趋势中实现了。要理解这种对自动化效率的保证所需的代价，亚马逊的人机混合配送仓库是一个关键地点。从那里我们可以开始思考AI系统中劳动力、资本和时间是如何交织的。

本章并非讨论人类是否会被机器人取代，而是关注工作经验如何被监控、算法评估和时间调度的增加改变。换言之，比起探索机器人是否会取代人类，我更感兴趣的是人类为何越来越像机器人一样被对待，以及这对人类的劳动来说意味着什么。许多形式的工作都被笼罩在"人工智能"这个词的阴影里，这隐藏了这样的事实：人们实际上一直在完成重复性的工作，而加强了机器也能做这些工作的印象。但是大规模的计算深深植根于对人类身体的剥削。

如果我们想了解人工智能背景下工作的未来，我们需要从了解工人过去和现在的经验开始。从福特工厂中使用的经典技术，到旨在增强追踪、督促和评估效果而设计的一系列机器学习辅助工具，最大限度地从工人身上获取价值。本章描绘了过去和现在的劳动力地形图，从塞缪尔·边沁（Samuel Bentham）的监察室到查尔斯·巴贝奇（Charles Babbage）的时间管理理论，再到弗雷德里克·温斯洛·泰勒（Frederick Winslow Taylor）的人体微观管理。在此过程中，我们会看到AI既不人工也不智能，而是建立在（包括但不限于）众包工作、时间的私有化以及似乎永无止境的、到岗、抬重物和整理箱子等人类努力的基础之上的。从机械化工厂中衍生出一个模型，该模型重视产品、流程和人类在一致性、标准化和互通性上的提升。

工作场所AI的史前史

工作场所自动化虽然经常被当作未来的故事讲述，但实际上这已经是当代工作的标准经验。生产装配线强调生产的一致性和标准单位，现在在零售业、餐饮业等服务业也有类似情况。所谓的知识型工人，即那些被认为受自动化威胁较少的白领，发现自己越来越受制于工作场所的监控设施、工作流程的自动化和工作时间与休闲时间界限的瓦解［尽管女性在这方面很少体验到清晰的界限，正如女权主义理论家西尔维娅·费德里奇（Silvia Federici）指出的那样］。为了能被基于软件的管理系统解释和理解，各行各业的工作不得不进行重大的自我调适。①

我们生活在一个有利于人类与AI合作的时代，这是关于工作中AI系统和自动化流程扩张的常见评价。但这种合作，并不是公平协商。

---

① 在《规则的乌托邦》（*The Utopia of Rules*）中，大卫·格雷伯（David Graeber）详细描述了白领工人所经历的失落感，他们现在不得不将数据输入决策系统，而决策系统已经取代了大多数专业工作场所的专业行政支持人员。

这些术语基于一种明显的权力不对称——没有不与算法系统合作的可能？即使是那些希望抵制自动化扩张的公司也面临着来自自动化程度更高的竞争对手的压力，他们要么不得不将自己融入主流体系，要么攀上还没有完全被计算工作殖民的金字塔顶端的价值体系。

关于人工智能对工作场所的侵入，与其说是既定工作形式的根本转变，不如说是19世纪90年代和20世纪初已经确立的工业化劳动力资源开发形成的重现。那是一个工厂劳动力已经被视为与机器有关的年代，工作任务越来越多地被细分为需要极少技能和最大努力的行为。实际上，当前劳动力自动化的趋势延续了工业资本主义固有的广泛的历史动力。从工厂出现以来，工人们就不断遇到更强大的工具、机器以及电子系统，它们向雇主转移了更多价值并且改变了劳动力管理方式。我们正在见证对一个旧主题的重新发现。最关键的区别就是雇主们现在可以观察、评估和调整工作周期和身体数据中最个人的部分（甚至包括），而这在以前是禁止的。

有许多关于工作场所的AI的史前史。其中之一是工业革命后，一般生产活动的广泛自动化。18世纪的政治经济学家亚当·斯密在《国富论》（*The Wealth of Nations*）一书中首次提出：制造任务的划分和细分是提高生产力和机械化生产的基础。他观察到，通过识别和分析生产任何给定项目所涉及的各个步骤，人们可以把它们分成更小的步骤，曾经完全由专业工匠制造的产品现在就可以由配备了为特定任务打造的工具的低技能工作团队来开发。这样，在不增加劳动成本的情况下，工厂的产量可以显著提高。

机械化的发展是重要的，但只有将其与日益丰富的化石燃料相结合，才能推动工业社会生产能力的大幅提高。与产量的增加同时发生的是工作场所中工人相对于机器重要性的巨大转变。工厂机械最初被当作帮助工人节省体力的设备，以一种人机协作的方式开展日常工作，但很快它便成为生产活动的核心，决定着工作的速度和特点。以煤和石油为动力的蒸汽机可以驱动持续的机械运动。工作不再主要是人类劳动的象征，而呈现出越来越机器化的特征，工人要适应机器的需要及其独特的节奏和韵律。基于亚当·斯密的理论，卡尔·马克思早在1848年就指出，自动化从成品的生产中提取劳动力，从而把工人变成"机器的附属物"。①

工人的身体与其所操作的机器的结合是非常彻底的，早期的工业家可以把他们的员工看作一种像其他资源一样被管理和控制的原材料。利用在当地的政治影响力和付费安保服务，工厂主试图管理并限制工人的活动，以让工人在工厂城镇的固定位置提供服务，他们有时甚至阻止工人移民到世界上机械化程度较低的地区。

对工人的控制也体现在时间上。历史学家E. P.·汤普森（E. P. Thompson）在其有持续影响力的论文中探讨了工业革命如何要求更大的工作同步性以及更严格的时间纪律。向工业资本主义转型时出现了新的劳动分工、监督形式、工作班次、罚款方式和考勤表：技术影响了人们体验时间的方式。文化也是一个强大的工具。在18世纪和19世纪，关于努力工作的宣传以强调纪律重要性的小册子和散文的形式出现，还有关于尽可能早起和努力工作的训导。利用时间既是一种道德，也是一种经济行为：时间被理解为通货，要么被有效地花费要么被浪费。但随着车间和工厂被强加了更严格的纪律，更多的

① 卡尔·马克思在《资本论》第1卷中把工人的概念扩展为"附属品"（appendage）：在手工业和制造业中，工人使用工具；在工厂里，机器利用了他。在那里，劳动工具的运动由他操作；在这里，他必须跟随随机器的运动。在制造业中，工人是生存机制的一部分。在工厂里，我们有一个没有生命的机制，它独立于工人，工人作为活的附属物被纳入其中。

工人开始反击——为时间而战。到了19世纪，工人运动强烈主张减少可能长达16小时的工作时长。时间本身成为斗争的重点。

在早期工厂里维护一支高效而纪律严明的员工队伍需要新的监控系统。工业化早期的一项发明是"监察室"（inspection house），这是一种圆形的建筑，可以将工厂里所有的工人都置于监工的视线范围之内，主管们在位于建筑中央的一个高台上的办公室里工作。在17世纪80年代，受雇于波将金亲王的英国造船工程师塞缪尔·边沁最先在俄国开发了这种监察室，这种布置使经验丰富的监工能够监视他们未经训练的下属们（大部分是波将金亲王借给边沁的俄国农民）是否有不良工作习惯。它也让边沁自己可以密切关注监工们是否有纪律不严的迹象。这些监工主要是从英格兰招募的造船工程师，因为嗜酒及彼此间的小分歧，他们给边沁带来了极大的烦恼。"日复一日，我都要忙于我那些下属的纠纷"，边沁抱怨道。随着挫败感的增加，他开始设计一种新的方案，以便能够最大限度地监视他们以及整个系统。在塞缪尔的哥哥、功利主义哲学家杰里米·边沁（Jeremy Bentham）来访后，塞缪尔的监察室成为著名的"圆形监狱"（panopticon）的灵感，这是一种理想化的监狱设计，特点是有一个中央瞭望塔，警卫可以从中监视牢房里的犯人。

自法国思想家米歇尔·福柯（Michel Foucault）的《规训与惩罚》（*Discipline and Punish*）出版以来，人们已经惯于将监狱视为如今监控社会的原点，前辈杰里米·边沁是这种思想的先驱。实际上，圆形监狱的灵感源自年轻的边沁早年在工厂工作的背景。在被设计为监狱之前，圆形监狱最初是工作场所的一种机制。

虽然塞缪尔·边沁在监察室的工作已经基本从我们的集体记忆中消失，但其背后的故事仍然是我们共同词汇的一部分。监察室是边沁的雇主波将金亲王战略的一部分，他希望通过展示俄国农村现代化的潜力以及将俄国农民转变为现代制造业劳动力，以此在俄国沙皇叶卡捷琳娜大帝的宫廷中获得青睐。监察室的修建是为了给来访的政要和金融家们提供一个奇观，就像所谓的"波将金村"，这些村庄只不过是装饰过的外墙，目的是分散观察者的注意力，使他们看不见被刻意遮掩的贫困乡村景观。

这只是冰山一角，和其他与劳动力有关的历史事件一起塑造了监视与控制的实践。美洲的殖民地种植园通过劳役来维持糖等经济作物的生产，而奴隶主十分依赖持续运转的监控系统。正如尼古拉斯·米尔佐夫（Nicholas Mirzoeff）在《观看的权利》（*The Right to Look*）中所描述的那样，种植园经济中起核心作用的是监工，他们监视殖民地奴隶种植园的生产流程，他们的"监督"意味着在一个极端暴力的体系中命令奴隶工作。正如一位种植园主在1814年所描述的那样，监工的角色是"永远不要让奴隶有片刻的清闲。他一直在监视制糖，一刻也不离开糖厂"。这种监督制度还包括用食物和衣服收买一些奴隶，将他们纳入扩大的监视网络，当监工没空时，他们能够维持纪律和工作速度。

如今，监视在现代工作场所中的角色主要由监控技术代理。管理阶层利用各种各样的技术来监视员工，包括使用应用程序跟踪他们的活动，分析他们的社交媒体讯息，比较他们如何回复电子邮件及预定会议，并用"建议"推动他们更快、更高效地工作。员工数据被用来预测谁最有可能成功（依据准确的定量参数），谁有可能偏离公司目标，以及谁可能组织其他工人。有些监控系统使用的是机器学习技术，有些则是更简单的算法系统。随着工作场所的AI越来越普遍，许多更基本的监控和跟踪系统正在扩展新的预测能力，成为更具侵入性的员工管理、资源控制及价值萃取机制。

波将金AI与土耳其机器人

关于人工智能的一个常被忽视的重大事实是其需要数量巨大的低薪工人帮助开发、维护和测试AI系统。这种看不见的劳动有多种形式——供应链工作、按需点击工作及传统服务业工作。从提取和运输创建AI系统核心架构所需资源的采矿业，到每个微任务只有几便士报酬的软件端，AI流水线的所有阶段都存在剥削，玛丽·格雷（Mary Gray）和希德·苏瑞（Sid Suri）将这种隐形劳动称为"幽灵工作"（ghost work）。莉莉·伊朗（Lilly Irani）将其称为"人工驱动的自动化"。这些学者都注意到了众包工人或"微工人"的经验，这些工人从事以AI系统为基础的重复的数字任务，比如给数千小时的培训数据做标记，审查可疑或有害的内容。这些工人从事支持AI"魔法"说法的重复性工作，但他们从未因为使这个系统正常运行而获得认可。

尽管这项工作对AI系统的"工作"至关重要，但通常薪酬很低。联合国国际劳工组织（United Nations International Labour Organization，ILO）的一项研究调查了75个国家的3500名微工人，他们定期在亚马逊土耳其机器人（Amazon Mechanical Turk）、Figure Eight、Microworkers及Clickworker等流行的任务平台上提供劳动。报告发现，相当一部分人的收入低于当地最低工资（尽管75%的受访者在科学及技术上的专业程度很高）。同样，那些从事内容审核工作的人——评估待删除的暴力视频、仇恨言论及网络暴力形式——他们的薪酬也很低。正如莎拉·罗伯茨（Sarah Roberts）所描述的那样，这种工作会给工人留下持久的心理创伤。

　　但如果没有这种工作的话，AI系统将无法运行。AI技术研究圈子依靠廉价的众包劳动力完成许多机器无法完成的任务。2008年至2016年，众包一词从出现在不到1000篇科学论文中发展到出现在超过两万篇论文中——考虑到亚马逊的土耳其机器人项目在2005年启动，这是有道理的。但在同一时期，关于依赖工资普遍远低于最低工资的劳动力的伦理层面的讨论太少。

　　当然，人们有强烈的动机忽视世界各地对低薪劳动力的依赖。他们所做的所有工作（从为计算机视觉系统标记图像，到测试算法是否产生正确的结果）更快速、更廉价地改进了AI系统，尤其是与雇用研究生来完成这些工作相比（这是早先的传统）。因此，这一问题通常被忽视，正如一个众包研究团队所观察到的那样，使用众包平台的客户"期待在没有监视的情况下廉价地、'无摩擦地'完成工作，好像平台不是连接工人的接口程序，而是一台没有生活开销的巨大计算机"。换句话说，客户对待人类员工的态度和对机器相差无几，因为认可他们的工作并对其进行公正的补偿会使AI系统变得更加昂贵和缺乏"效率"。

　　工人有时被直接要求假装成AI系统。虚拟助手机器人创业公司x.ai声称其名为艾米的AI智能体能够"神奇地安排会议"，并处理很多日常琐事。但记者艾伦·休特（Ellen Huet）在彭博新闻社的详细调查揭露，这种形式根本不是人工智能。"艾米"正在被一个超时加班的合同工团队仔细检查和修改。同样的，脸书的个人助理M也依靠持续的人工介入，会有一组被支付薪水的工人审查并编辑每条信息。

　　伪装人工智能是一项令人身心疲惫的工作。x.ai公司的员工有时会实行14小时轮班制来为电子邮件添加注释，以维持该服务全天候自动运行的假象。每个深夜，在电子邮件队列完成之前，他们都不能离开。"我离开时感觉完全麻木，没有任何情感。"一个员工告诉休特。

我们可以将其视为一种"波将金AI"：只不过是个门面，旨在向投资者和易受骗的媒体展示自动化系统会是什么样子，而实际上却依靠处在后台的人工。在宽容的语境中，这些门面展示了AI系统能够完全实现时的可能样貌，或是说明一个概念的"最小化可行产品"（Minimum Viable Product）[1]。在不那么宽容的语境中，波将金AI系统是欺骗的一种形式，由渴望在利润丰厚的技术领域占有一席之地的技术供应商实施。但是，在另辟蹊径，不使用人类广泛而全面的幕后工作就能创建大规模的AI系统之前，这是AI工作原理的核心逻辑。

作家阿斯特拉·泰勒（Astra Taylor）将实际上根本没有自动化的过分吹嘘的高科技系统描述为"人造自动化"（fauxtomation）。自动化系统看起来好像完成了以前由人类完成的工作，但实际上这个系统只是在配合背后的人类工作。泰勒引用了快餐店的自助服务厅和超市的自助结账系统的例子，在这些地方，员工的劳动被自动化系统所取代，但实际上，数据输入的工作只是简单地从一名员工转到了顾客身上。与此同时，许多提供看似自动化决策的在线系统，例如能移除重复条目或删除冒犯性内容的系统，实际上是由在家工作的人们源源不断的平凡工作所推动。和波将金的村庄以及模型车间相似，当今最有价值的自动化系统将低薪的数字计件工人和承担无报酬任务的消费者结合，以使这个系统运行，而公司则试图使投资者和公众相信这项工作是由智能机器完成的。

---

① 最小可行产品（Minimum Viable Product，MVP）是一种避免开发出客户并不真正需要的产品的开发策略。该策略的基本想法是，快速地构建出符合产品预期功能的最小功能集合，这个最小集合所包含的功能足以满足产品部署的要求并能够检验有关客户与产品交互的关键假设。——译者注

这种策略有何利害？我们可以看到AI的真正劳动力成本一直被低估和掩盖，但推动这种现象的力量远远超出单纯的营销花招。这是剥削和去技能性传统的一部分，在这种传统中，人们必须做更多单调和重复性的工作反哺自动化系统，因为后者可能不如它所取代的对象更有效或可靠。但是这一路径可以扩大规模——降低成本、增加利润，虽然我们不清楚这些工作对远程工人的依赖到底有多大，但清楚的是他们的确拿着勉强维持生活的最低工资，为消费者维护系统及校验错误。

人造自动化并没有直接取代人类劳动，而是在空间和时间上对其重新定位和分配。这样做增加了劳动和价值之间的脱节，从而在意识形态层面发挥作用。工人与他们的工作成果疏远，也与从事同样工作的其他工人断开联系，导致他们更容易受到剥削。这从世界各地的众包工人极低的薪酬中可见一斑。他们和其他类型的人造自动化工人面临的非常真实的现实是他们的劳动可以被平台上工作的成千上万的竞争者或其他工人中的任何一个替换。他们随时都可能被另一个众包工人取代，或者可能被一个功能简化的自动化程度更高的系统取代。

1770年，匈牙利发明家沃尔夫冈·冯·肯佩伦（Wolfgang von Kempelen）制造了一台精密的机械棋手。他用木头和钟表装置制作了一个箱子，后面坐着一个真人大小的机械人，它能和人下棋并获胜。这个非凡奇特的装置首次亮相是在奥地利皇后玛丽亚·特蕾莎的宫殿里，展示给来访的政要和政府官员，所有人都完全相信这是一个智能自动机。这个栩栩如生的机器头戴方巾，穿着阔腿裤和镶毛边的长袍，给人一种"东方巫师"的印象。这种种族化的外表表达出一种符合当时审美的异国情调，那个时期的维也纳精英阶层会喝土耳其咖啡，并给他们的仆人穿土耳其服装。它后来被称为土耳其机器人。然而，这个自动下棋机是一个精心设计的假象：内室里藏着一个人类象棋大师，他在里面操作机器，人们从外面完全看不见。

大约160年后，这个骗局继续存在。亚马逊选择将其基于小额支付的众包平台命名为"亚马逊土耳其机器人"，罔顾其与种族主义及欺骗的关联。在亚马逊的平台上，为了营造一种AI系统是自动的、魔法般的智能的假象，真正的工人仍然是看不见的。亚马逊开发土耳其机器人的原始动机是人工智能系统的失败，该系统无法充分检测其零售网站上的复制产品页面。经过一系列徒劳而昂贵的解决问题的尝试之后，项目工程师使用了人力来填补其简化系统的空白。现在，土耳其机器人把业务与一群看不见的、匿名的工人联系起来，这些工人为了得到一系列微任务工作机会而相互竞争。土耳其机器人是一个大规模分布式车间，在那里，人类通过检查和纠正算法过程来模拟并改善AI系统。这就是亚马逊首席执行官杰夫·贝佐斯（Jeff Bezos）直言不讳的"人工的人工智能"。

像波将金AI这样的例子随处可见。有些是直接可见的：当我们在街上看到一辆新型的自动驾驶汽车时，我们还会看到驾驶座上有一名操作员，随时准备一有问题的迹象就控制住车辆。还有一些则不太明显：比如我们与基于网络的聊天界面的交互。我们只接触模糊了内部运作的表面，它们旨在隐藏每次互动中机器和人力的各种组合。我们不知道我们收到的回应是来自系统本身，还是来自人类操作员，他被支付了报酬并代表系统的利益回应。

如果我们越来越怀疑自己是不是在与AI系统对话，那这种感觉反过来也成立。我们很多人都经历过一个悖论，浏览网站时为了证明自己真实的人类身份，我们需要让谷歌验证码相信我们是人。因此，我们忠实地选择了多个包含街道号码、汽车或房屋的点击框。我们正在免费培训谷歌的图像识别算法。AI作为经济的、高效的神话有赖于其开发的层次，包括抽取大量无薪劳动力来调整世界上最富有公司的AI系统。

人工智能当下的形式既不人工，也不智能。我们可以也应该替矿工的艰苦体力劳动说话，还有流水线上重复工作的工厂劳工、世界各地充满外包程序员的精神血汗工厂里的赛博劳工、土耳其机器人里的工人的低薪众包劳动，或者日常用户无偿的无形工作。在这些地方，我们可以看到行星计算如何依赖对人体的剥削，这种剥削位于许多资本主义剥削链条的顶端。

分解与工作场所自动化愿景：巴贝奇、福特和泰勒

众所周知，查尔斯·巴贝奇是第一台机械计算机的发明者。19世纪20年代，他提出了差分机的想法，这是一种机械计算机器，旨在很短时间内生成精确庞大的数据表，取代手动计算。到了19世纪30年代，他对分析机有了可行的概念设计，这是一种可编程的通用机械计算机，配有为其提供指令的穿孔卡片。

巴贝奇对自由社会理论也有浓厚的兴趣，并就劳动的性质写了大量文章——将他对计算机和工人自动化的兴趣结合在一起。继亚当·斯密之后，他指出劳动分工是一种精简工厂结构和提高效率的手段。然而，他走得更远，认为工业公司可以被类比为计算系统。像计算机一样，它包括多个执行特定任务的专业单位，为了完成特

定的工作，所有单位相互配合。但是，由于被视为一个整体，最终产品中包含的劳动内容在很大程度上是隐形的。

在更具思辨性的写作中，巴贝奇设想了更完美的工作流程，这个系统可以被视觉化为数据表，并由计步器和重复时钟监控。他认为，如果将计算、监控和劳动纪律相结合，就可以实施更高程度的效率和质量控制。这是不可思议的先见之明。直到最近几年，随着人工智能在工作场所的应用，巴贝奇关于计算和工人自动化非同寻常的双重愿景才大规模地成为可能。

巴贝奇的经济学思想基于亚当·斯密的理论，但和他在一个重要方面发生了分歧。对亚当·斯密来说，一件物品的经济价值是根据生产它所需的劳动力成本来理解的。然而，在巴贝奇看来，工厂里的价值源于生产过程设计所需的投资，而不是员工的劳动力。真正的创新是物流过程，而工人只是执行他们被定义的任务，并按照指示操作机器。

对巴贝奇来说，劳动力在价值生产链中的作用很大程度是负面的：工人可能无法及时执行精密机器为他们规定的任务，无论是因为纪律差、受伤、缺勤还是抵抗行为。正如历史学家西蒙·沙弗（Simon Schaffer）指出的那样，"在巴贝奇的注视下，工厂看起来像完美的引擎，而计算机器就像完美的电脑。劳动力可能是麻烦的来源——它可能使表格出错或工厂倒闭——但它不能被视为价值的来源"。工厂被视为一台理性的计算机器，它只有一个弱点：它需要脆弱且不值得信赖的人类劳动力。

当然，巴贝奇的理论在很大程度上受到了某种金融自由化理论的影响，这导致他将劳动力视为需要通过自动化来控制的问题。他几乎没有考虑这种自动化的人力成本，也很少考虑自动化如何被用于改善工厂员工的工作体验。实际上，巴贝奇理想化的机械设备主要是为了最大限度地为工厂主及其投资者带来经济回报。同样，今天工作场所AI的支持者提出了一个生产愿景，即优先考虑效率和更高利润并削减成本，而不是宣传的通过取代重复性的艰苦工作来帮助他们的员工。正如阿斯特拉·泰勒所言，"技术布道者所追求的那种效率强调标准化、简单化和速度，而不是多样性、复杂性和相互依存"。这不足为奇：这是营利性公司标准商业模式的必然结果，其最高责任是为股东创造价值。我们生活在这样一个系统带来结果中，即公司必须尽可能多地提取价值。与此同时，2005—2015年，美国新增就业岗位中有94%是"可替代工作"——不属于全日制、带薪的工作。随着公司从自动化程度的提高中获益，人们在没有安全感的岗位上平均工作的时间更长、工作量更大、薪水更低。

肉类市场

19世纪70年代的芝加哥肉类加工业是最早实施巴贝奇所设想的那种机械化生产线的行业之一。火车把牲畜运到牲畜围场门口；动物们被集中到邻近农场的屠宰场；屠体通过机械化的架空电车线路系统运送到各个屠宰加工站，这就是后来众所周知的解体生产线。成品可以用专门设计的冷藏轨道车运往遥远的市场。劳工历史学家哈里·布拉弗曼（Harry Braverman）指出，芝加哥牲畜围场完全实现了巴贝奇的自动化和劳动分工愿景，以至于几乎任何人都可执行这个解体生产线上所需的任何技术性任务。低技术工人可以被支付最低工资，也可以在一出现问题迹象时被替换，他们自己变得像他们生产的包装肉一样被彻底商品化。

厄普顿·辛克莱（Upton Sinclair）在创作《屠场》（The Jungle）这本关于工人阶级贫困的悲惨小说时，把故事背景放在了芝加哥肉类加工厂。虽然他的意图是强调移民工人的艰辛，以支持一种社会主义的政治愿景，但这本小说产生了完全不同的效果。对于带病和腐烂的肉类的描写引发了公众对食品安全的强烈抗议，并导致美国在1906年通过了《肉类检查法》（Meat Inspection Act）。但是公众对工人的关注却缺失了。虽然从肉类加工业到国会的强大机构都准备采取干预措施来改进生产方式，但处理更为根本的支撑整个系统的剥削性劳动力因素却越界了。这种模式的持续性强调了权力如何回应批评：无论产品是牛的躯体还是面部识别，对此的回应都是在边缘进行管理，而并不触及剥削性生产的根本逻辑。

工作场所自动化的历史上还有两个举足轻重的人物：亨利·福特（Henry Ford），他在20世纪早期发明的流水装配线受到了芝加哥解体生产线的启发；弗雷德里克·温斯洛·泰勒，有争议的"科学管理"领域的创始人。泰勒在19世纪末发展出一套系统的工作场所管理方法，重点关注工人身体的微小动作，奠定了职业生涯基础。亚当·斯密和巴贝奇的劳动分工概念旨在提供一种在任何工具之间分配工作的方法，而泰勒进一步缩小了关注范围，将微观细分概念纳入每个工人的行动中。

作为精确跟踪时间的最新技术，秒表成为车间主管和生产工程师进行工作场所监控的关键工具。泰勒使用秒表对工人进行研究，包括执行任何给定任务时涉及的不连续的身体运动的详细中断时间。他的《科学管理原理》（Principles of Scientific Management）建立了一个量化工人身体运动的系统，以期得到关于工具和工作流程最有效的布局。其目标是以最低的成本获得最大的产出。这体现了马克思关于时间支配性的描述，"时间就是一切，人什么都不是；他充其量不过是时间的牺牲品"。

对时间的控制依旧是保持工作场所效率的一贯做法。在服务业和快餐业，时间被精确到以秒计算。对于在麦当劳汉堡生产流水线上的工人来说，他们被以下标准评估是否达到目标：5秒钟处理屏幕上的订单，22秒钟夹好汉堡，12秒钟包装好食物。恪守时间可以消除系统的容许误差。最轻微的延迟（客户完成订单的时间过长、咖啡机故障、员工打电话请病假）可能会导致一连串的延迟、警告声及管理通知。

在麦当劳员工加入流水线之前，他们的时间甚至已经被管理和跟踪了。一个结合了历史数据分析和需求预测模型的算法调度系统决定工人会被分配到哪个班次，这导致每周甚至每天都有不同的工作日程。一个2014年针对加利福尼亚州麦当劳餐厅的集体诉讼指出，加盟商得到软件提供的有关员工与销售比率的算法预测，并指示经理在需求下降时迅速裁员。报告说员工们被告知推迟轮班时间，他们只好在附近闲逛，准备在店铺再次忙碌时加入队伍。由于员工只按他们工作的时间获得薪酬，诉讼称这相当于公司及加盟商严重克扣工资。

算法决定的时间分配会有所不同，从一小时或以内的极短班次，到繁忙时间非常长的班次，这取决于什么是最有利可图的。等待的时间成本，来上班却被安排回家浪费的时间精力，或者由于无法预测个人的日程安排而无法计划个人生活，这些人力成本都不在算法考虑的因素之列。这种时间盗窃有助于提高公司的"效率"，但是却以员工的直接成本为代价。

时间管理与时间私有化

快餐业企业家雷·克罗克（Ray Kroc）帮助麦当劳成为一家全球性连锁餐厅，在设计标准化的汉堡流水线时，他加入了史密斯、巴贝奇、泰勒和福特的谱系，并让他的员工机械地追随这条生产线。监视、标准化和减少个体手艺是克罗克方式的核心。正如劳工研究者克莱尔·梅休（Clare Mayhew）和迈克尔·昆兰（Michael Quinlan）就麦当劳的标准化流程所争论的那样，"福特主义的管理系统对工作和生产任务的记录极为详细。它需要持续的被记录的劳动参与，并需要对每个人的工作过程进行细致的控制。任务执行过程中几乎完全没有思维活动"。

最大限度地减少在每个工位上花费的时间，或减少"周期时间"，成为福特主义工厂严格执行的标准，工程师将工作任务分解成越来越小的部分，以便实现优化和自动化，主管在工人落后时对他们进行惩罚。主管们，甚至是亨利·福特本人，经常被看到手拿秒表在工厂里走来走去，记录周期时间，并留意车间生产率的任何差异。

如今，领导者可以被动地监视他们的员工，而不必亲临工厂。相比较之下，工人们通过刷卡或向附在电子时钟上的读卡器出示指纹打卡上班。他们在计时设备前工作，这些设备会显示完成当前任务还剩几分几秒。他们坐在装有传感器的工位前，这些传感器会持续报告他们的体温、他们在房间中的位置、他们浏览随机网站而不是完成指定任务所花费的时间等。WeWork，这家在2019年精疲力竭的联合办公巨头，在其工作空间秘密地安装了监控设备，努力创造数据货币化的新形式。它在2019年对空间移动分析公司Euclid的收

66

购备受关注，有人暗示它计划在其付费会员经过他们的设备时对他们进行跟踪。达美乐比萨已在其厨房中添加了机器视觉系统，用于检查制作完成的比萨饼，以确保员工按照规定的标准进行制作。监控行为被合理化了，它们要么为进一步调解工作时间的算法系统产生输入信息，要么收集可能与效率相关的行为信号，要么仅仅作为一种"观察了解"被出售给数据代理公司。

社会学教授朱迪·瓦克曼（Judy Wajcman）在她的论文《硅谷如何设定时间》（*How Silicon Valley Set Time*）中指出，时间跟踪工具的目标与硅谷的人口构成并非巧合。硅谷的精英劳动力"更年轻，更具男子气概，更全心投入全天工作"。同时为了最大程度提高效率，他们创造了以残酷无情、赢者通吃为前提的生产力工具。这意味着年轻工程师正在构建监督工作场所的工具，量化员工的生产力和期望值，他们大多是男性，通常没有耗费时间的家庭或社区职责的困扰。科技初创企业所吹捧的工作狂和全天候工作成为衡量其他员工的一个隐形基准，制造了一种"标准劳工"的愿景，他们是男性化的、小范围的，并且依赖其他人无偿的或低薪的辛勤工作。

私人时间

在工作场所管理的技术形式中，时间的协调变得越来越精细。例如，通用汽车的制造自动化协议（Manufacturing Automation Protocol，MAP）是为常见的制造机器人协调问题（包括时钟同步）提供标准解决方案的早期尝试。没过多久，出现了其他可以通过以太网和TCP/IP网络交付的更通用的时间同步协议，包括网络时间协议

（Network Time Protocol，NTP），以及后来的精确时间协议（Precision Time Protocol，PTP），它们在不同的操作系统中衍生了多种相互竞争的实现方式。NTP和PTP的功能都是通过在网络上建立一个时钟层次结构来实现的，由"主"时钟驱动"从"时钟。

主从关系的比喻贯穿整个工程和计算领域。对这一种族主义比喻最早的使用可以追溯到1904年，它被用来描述开普敦一个天文台里的天文钟。但直到20世纪60年代，这个术语才传播开来，尤其是在达特茅斯分时系统开始被用于计算之后。在人工智能早期创始人之一约翰·麦卡锡（John McCarthy）的建议下，麻省理工学院教授约翰·凯梅尼（John Kemeny）和托马斯·库尔茨（Thomas Kurtz）开发了一种访问计算资源的分时程序。正如他们在1968年的《科学》（Science）杂志中所写的那样，"首先，用户的所有计算都在从机中进行，而执行程序（系统的"大脑"）存在于主机中。因此，从机中的错误或失控的用户程序不可能'破坏'执行程序，从而使整个系统停止运行。"控制等同于智能这一有争议的暗示将在未来几十年继续影响AI领域的发展。正如罗恩·埃格拉什（Ron Eglash）所说，这句话与南北战争前关于逃亡奴隶的话语有强烈的呼应。

许多人认为主从术语具有冒犯性，并将其从Python（机器学习中常用的一种编码语言）和Github（一个软件开发平台）中删除。但它仍然存在于世界上最广泛的计算基础设施中。谷歌的Spanner（如此命名是因为它跨越了整个地球）是一个巨大的、全球分布的、同步复制的数据库。它是支持Gmail、谷歌搜索、广告及谷歌所有分布式服务的基础架构。

在这种规模下，Spanner在全球范围内运行，在数百个数据中心的数百万台服务器上同步时间。每个数据中心作为一个"时间控制"单元，始终接收GPS时间。但是由于服务器在轮询各种主时钟时，会出现轻微的网络延迟和时钟偏移。如何解决这种不确定性？答案是创建一个新的分布式时间协议——一种专有的时间形式——这样，服务器不管在地球上的哪个地方都可以同步。谷歌真情实感地称这个新协议为TrueTime（真实时间）。

谷歌的TrueTime是一种分布式时间协议，它通过在数据中心的本地时钟之间建立信任关系来实现功能，这样它们就可以决定与哪些对等点进行同步。得益于足够多的可靠时钟，包括提供极高精确度的CPS接收器和原子钟，以及非常低的网络延迟，TrueTime用一组分布式服务器来保证事件可以在一个广域网中以确定的顺序发生。

在这个私有化的谷歌时间系统中，最引人注目的是，当单个服务器上出现时钟偏移时，TrueTime如何管理不确定性。谷歌研究人员解释说，"如果不确定性很大，Spanner就会放慢速度等待不确定性结束"。这体现了减慢时间、移动时间以及将地球置于一个专有时间代码之下的幻想。如果我们认为人类对时间的体验是变化的和主观的，时间过得更快或更慢取决于我们在哪里以及和谁在一起，这就是对时间的一种社会性体验。TrueTime能够在中央主时钟的控制下创建一种可移动的时间尺度。就像牛顿设想了一种独立于任何感知者而存在的绝对时间形式一样，谷歌也发明了自己的宇宙时间形式。

长期以来，专有的时间形式一直被用来使机器平稳运行。19世纪的铁路巨头们都有自己的时间形式。例如，在1849年的新英格兰，所有的火车都采用"国会街26号威廉·邦德父子公司（William Bond & Son）提供的波士顿真实时间"。正如彼得·伽里森所记录的那样，铁路管理者不喜欢根据火车行将开往哪个州而切换时间，纽约和新英格兰铁路公司（New York & New England Railroad Company）的总经理称，切换到其他时间"令人讨厌、非常不便，对我能见到的任何人都没有用"。但是，在1853年的一次火车正面相撞造成14人死亡之后，使用新电报技术协调所有时钟的需求变得无比紧迫。

和人工智能一样，电报也被誉为一种可以扩展人类能力的联合技术。1899年，索里兹伯里伯爵（Lord Salisbury）吹嘘电报"在很大程度上将全人类聚集"。企业、政府和军队使用电报将时间组合成一个连贯网格，从而消除更多的局部的计时形式。电报由最早的大型工业垄断企业之一——西联汇款（Western Union）所控制。通信理论家詹姆斯·凯里（James Carey）认为，除了改变人类互动的时空界限外，电报还使一种新的垄断资本主义形式成为可能："一套新的法律、经济理论、政治安排、管理技术、组织结构和科学原理，用以证明私人拥有并控制的垄断公司的发展是合理和有效的。"这种解释不仅意味着在一系列复杂的发展中存在一种技术决定论，而且公平地说，电报与跨大西洋电缆的结合，使帝国主义列强有可能对其殖民地保持更集中的控制。

电报使时间成为商业的核心焦点。现在，商人们不再利用地区之间的价格差异在不同的地点低买高卖，而是在不同时区之间进行交易：从空间到时间，从套利到期货的转变。数据中心的私有化时区就是最新的例子。时间的基础结构排序就像是一种"宏观物理学的力量"，在行星层面形成了信息的新逻辑。①这种权力必然是集中的，其创造出的意义秩序是特别难看到的，更不用说破坏它了。

---

① 这与福柯（Foucault）所谓的"权力的微观物理学"（microphysics of power）形成了对比，"权力的微观物理学"描述了制度和机构创造特定逻辑和合法性形式的方式。

对集中时间的反抗是这种历史叙事的核心。20世纪30年代，福特希望对其全球供应链拥有更多控制权，他在巴西热带雨林深处被他命名为福特之城（Fordlandia）的小镇上建立了一个橡胶种植园和一个加工厂。他聘用当地工人加工橡胶，然后将成品运回底特律，他试图将严格控制的制造过程强加给当地居民，但事与愿违。暴乱的工人拆掉了工厂的时钟，砸碎了用于跟踪每个工人进出的设备（见图2.2）。

其他形式的暴动主要集中在工作过程中。工人有意减慢工作节奏的行为被法国无政府主义者埃米尔·普热（Émile Pouget）用"怠工"一词来表示，意思是在工厂车间里"放慢脚步"。其目的是收回效率，降低时间作为货币的价值。尽管总会有办法来抵制通过算法和视频监控等方式强加的工作时间，但这变得越发困难——因为

图2.2 在1930年12月的暴乱中被毁坏的福特之城的考勤钟（来自亨利·福特博物馆的收藏）

工作和时间的关系被越来越紧密地观察。

从在工厂内对时间的精细调制，到在行星计算网络上对时间的大规模调制都是为了定义时间，这是一种既定的集中权力的方式。人工智能系统允许对世界各地的分布式劳动力进行更大程度的开发，从而充分利用不均衡的经济拓扑结构。与此同时，科技行业正在为自己创造一个光滑的全球时间地形，以加强效率和加快其完成业务目标的速度。控制时间（无论是通过教堂、火车还是数据中心的时钟）一直都有控制政治秩序的功能。但这场控制权之争从来都不是一帆风顺的，而是一场影响深远的冲突。工人们已经找到了方法，在技术发展被强加给他们，或被认为是理想的改进方式——即使唯一的改进也是为了加强公司的监督和控制的时候进行干预和抵制。

设置速率

亚马逊不遗余力地对公众进入运营中心时看到的内容进行控制。我们被告知员工最低也可以领到每小时15美元的工资，而对工作时间超过一年的员工还提供额外津贴，还有明亮的休息室可供使用，墙上绘有奥威尔式的公司口号："节俭"、"赢得他人的信任"和"贵在行动"。亚马逊官方指南用排练好的片段愉快地解释了在预定的站点会发生什么。任何关于劳动条件的问题都会得到非常仔细的回答，以便描绘出最积极的画面。但也有一些更难管理的不愉快和关系失衡的迹象。

在拣货楼层，员工必须捡起装满货物的灰色包装物（被称为"手提包"）进行发货，白板上有最近会议的标记。有人多次抱怨手提包放得太高，不断伸手去抓它们会给身体造成相当大的疼痛和伤害。当被问及此事时，亚马逊指南迅速回应，称正在通过降低关键部分传送带的高度来解决这一问题。这被视为一种成功：已登记投诉，并将采取行动。指南借此机会再度进行解释，说这就是这里不需要工会的原因，因为"员工有很多机会与他们的经理沟通"，工会只会干扰沟通。

但在离开工厂的路上，我经过一个实时显示来自工人的信息的大屏幕，上面有一个写有"同事之声"的标志。这里远没有那么光鲜。对随意更改日程安排的抱怨，以及无法在假期临近时预定假期、错过家庭聚会和生日，这些信息迅速滚动过去。管理层也及时做出回应，似乎是"我们重视您的反馈"这一主题的多种句式变换。

"适可而止。亚马逊，我们希望你像对待人类一样对待我们，而不是像对待机器人一样。"这是阿卜迪·缪斯（Abdi Muse）的话，他是明尼阿波利斯市阿伍德中心（Awood Center）的执行董事，该中心是一个倡导改善明尼苏达州东非社区工作条件的社区组织。缪斯是亚马逊仓库工人的温和捍卫者，他们正在争取更好的工作条件。他所在的明尼苏达社区的许多工人都被亚马逊聘用了，亚马逊积极招募他们，并在交易中给工人一些甜头，比如让他们免费乘车上班。

当亚马逊招募像缪斯和他的同事这样的员工时，他们没有宣扬"速率"——推动履行中心发展的员工生产力衡量标准很快变得不可持续，而且根据缪斯的说法，该标准是不人道的。工人们承受着高压、伤痛和疾病。缪斯解释说，如果他们的速率在一天内下降三次，他们将立即被解聘，不管他们在仓库工作了多久。员工们谈到，由于担心表现不佳，他们不得不在本该上厕所的时间继续工作。

但我们见面那天，缪斯很乐观。尽管亚马逊明确表示反对工会，但非正式的工人团体在美国各地如雨后春笋般涌现，并举行抗议活动。当他报告说组织开始产生影响时，他笑得很开心。"不可思议的事情正在发生，"他告诉我，"明天，一群亚马逊工人将离职。这是一群勇敢的女性，她们是真正的英雄。"事实上，那天晚上大约有六十名仓库工人，穿着规定要穿的黄色背心走出了位于明尼苏达州伊根的一个配送中心。她们大多是索马里裔妇女，在雨中举着标语，要求改善条件，比如增加夜班工资和限制箱子重量。就在几天前，萨克拉门托的亚马逊员工抗议其解聘一名员工的行为，而这名员工仅仅是在家人去世后休了一个小时的丧假。在此之前的两周，一千多名亚马逊员工举行了公司历史上首次白领罢工，抗议其巨大的碳排放量。

最终，亚马逊在明尼苏达州的代表来到了谈判桌前。他们乐于讨论很多问题，但从不讨论"速率"。"他们说忘记'速率'吧，"缪斯回忆道，"我们可以讨论其他问题，但速率是我们的商业模式。我们无法改变这一点。"工人们威胁要离开工位，但亚马逊仍然不肯让步。对双方来说，"速率"是核心问题，但也是最难改变的问题。与现场主管可能会做出让步的当地其他劳资纠纷不同，速率标准是根据西雅图的高管和技术工人——那些远离仓库楼层的人——的决定制定的，并为亚马逊的计算分配基础设施编写程序进行优化。如果当地的仓库不同步，亚马逊的时间安排就会受到威胁。工人和组织者开始将这种情况视为真正的问题。因此，他们正在相应地将注意力转向在亚马逊不同工厂和不同部门的员工间建立一种运动机制，以解决由"速率"本身的无情节奏所代表的权力和集权的核心问题。

正如我们所见，这些争夺时间主权的斗争有着悠久的历史。AI和算法监控只是工厂、计时表和监控体系架构长期历史发展中的最新技术。现在，更多的行业——从优步司机到亚马逊仓库工人，再到高薪的谷歌工程师——都意识到自己参与了这场共同的战斗。纽约出租车工人联盟执行董事巴拉维·德赛（Bhairavi Desai）对此表达了强烈的看法，他说："工人们总是知道的。无论是在红灯前、在餐馆里，或者在酒店排队时，他们都团结一致，因为他们知道，为了繁荣，他们必须团结一致。"技术驱动的工人剥削在许多工业中是普遍的问题。工人们正在与生产逻辑和他们必须在其中工作的时间秩序做斗争。时间的结构从来都不是完全不人道的，但它们恰好保持在大多数人容忍范围的外部边界上。

在劳工组织方面，跨部门团结并不是什么新鲜事。许多运动，如传统工会领导的运动，将不同行业的工人联系在一起，以争取带薪加班、工作场所安全、产假和周末休息等权益。但是，由于强大的商业游说团体和受其影响的政府在过去几十年里削弱了劳工权利和对劳工的保护，并限制了工人组织和沟通的渠道，跨部门支持变得更加困难。现在，AI驱动的提取和监控系统已经成为劳工组织者联合起来反对的核心。

"我们都是技术工人"已经成为与技术相关的抗议活动中的一个常见标志，这些抗议活动由程序员、门卫、自助食堂工人和工程师等发起。这可以用多种方式来解读：它要求科技行业认识到，其产品、基础设施和工作场所能够正常运转需要依赖大量的劳动力。但它也提醒我们，我们中的绝大多数人在工作中使用笔记本电脑和移动设备，登上脸书或Slack等平台时，受制于工作场所AI系统各种形式的标准化、跟踪和评估。这为一种广泛而大胆的新型团结奠定了基础。因为，如果我们都是技术工人，受制于寻求控制和分析时间的提取技术的基础设施，那么我们在未来工作的形态方面就有共同的利害关系。

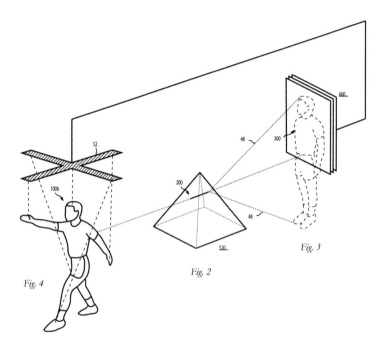

52

100b

200

48

300

600

48

520

Fig. 4

Fig. 2

Fig. 3

第三章

数据

一名年轻女子眼神向上凝视，目光聚焦在画面之外的某些事物上，她仿佛拒绝承认镜头的存在。下一张照片中，她的目光锁定在不远处。而另一张照片中的她头发凌乱，表情沮丧。随着更多的照片出现，我们看到她嘴巴周围的曲线逐渐向下并加深。在最后一张照片中，她看起来老了许多，精神也变得萎靡——一只眼睛受伤，脖子上的皱纹也十分明显（见图3.1）。这些照片是一名妇女在她一生中多次被捕时所拍摄的面部照片。她的这些图像被收集在一个名为"特殊数据库32号"的数据库中，这是一种多重遭遇数据集（Multiple Encounter Dataset），此类集合在互联网上共享，供任何想要测试其面部识别软件的人使用。

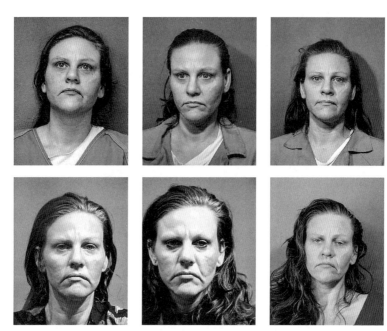

图3.1　面部照片图像数据库，该组图片来自美国国家标准与技术研究所（NIST）的多重遭遇数据集（MEDS）——"特殊数据库32"（美国国家标准与技术研究所，美国商务部）

该数据集是由美国国家标准与技术研究所（National Institute of Standards and Technology，NIST）维护的多个数据集之一，该研究所是美国历史最悠久、最受尊敬的物理科学实验室之一，现在隶属美国商务部。NIST成立于1901年，旨在加强国家测量基础设施建设，并为与工业化世界中的经济竞争对手（如德国和英国）进行竞争而制定标准。从电子健康记录到抗震摩天大楼，再到原子钟等，一切都在NIST的管辖范围内。它成为时间、通信协议、无机晶体结构、纳米技术的测量机构。NIST的目标，是定义和支持各类标准，以使系统之间具有互操作性，现在，开发人工智能标准也被纳入NIST的工作范畴之中。那些为生物识别数据而设置的测试基础设施，便是NIST需要维护的内容之一。

2017年，我在浏览NIST的数据档案时，首次发现了面部照片数据库。这些数据库中收集的生物特征数据规模十分庞大。50多年来，NIST与美国联邦调查局（Federal Bureau of Investigation，FBI）就自动指纹识别进行了合作，并开发了针对指纹扫描仪和成像系统的质量评估方法。在2001年9月11日美国的恐怖袭击事件之后，NIST成为国家应急部门之一，它通过制定生物识别标准，来核查与跟踪入境者。这成为面部识别研究的转折点，使该项研究的应用范围从关注执法，拓展到控制跨越国界的人。

面部照片本身很容易给人留下深刻的印象。比如一些人有明显的伤口、瘀伤和黑眼圈；有些人感到哀伤并痛哭流涕，还有些人则只是茫然地盯着相机。"特殊数据库32号"包含了数千张死者生前多次被捕时的照片，而这些照片源自他们与刑事司法系统的多次遭遇。面部数据集中的人物以数据点的形式呈现，其中不会包含任何故事、来龙去脉或名字。因为面部照片是在被捕时拍摄的，所以无从得知这些人是否被指控、被判无罪还是被监禁。他们都以相似的方式被呈现出来。

这些面部照片被纳入NIST数据库中的意义，已经从在执法系统中识别特定个体，转变成为测试用于检测人脸的商业和学术AI系统的技术基准。艾伦·塞库拉（Allan Sekula）在其对警用摄影的描述中提到，面部照片是技术现实主义传统的一部分，旨在"提供罪犯的标准画像"。塞库拉注意到，警用照片的历史上有两种截然不同的研究方向。发明入案照片的阿尔方斯·贝蒂永（Alphonse Bertillon）等犯罪学家将其视为一种个人生平身份识别的机制，是发现惯犯所必需的。另一方面，统计学家和优生学奠基人弗朗西斯·高尔顿（Francis Galton），将囚犯的复合肖像作为检测生物学上确定"犯罪类型"的一种方法。高尔顿的工作基于一种面相学者的范式，其目标是找到一种通用的外观，以从外表中识别出深刻的性格特征。当面部照片被用作训练数据时，它们不再作为识别工具来发挥作用，而是用于微调一种自动化的视觉形式。我们可以认为这是高尔顿形式主义。面部照片用于检测面部的基本数学成分，以"将自然还原为其几何本质"。

面部照片构成了用于测试面部识别算法的档案的一部分。多重遭遇数据集中的人脸已成为标准化图像，成为一种比较算法准确性的技术基础。NIST与智能高级研究项目活动（Intelligence Advanced Research Projects Activity，IARPA）合作，基于这些面部照片数据，面向研究人员组织了一系列比赛，研究人员在比赛中竞争谁的算法最快、最准确。研究团队努力在诸如通过人脸验证身份或从监控视频的画面中检索人脸等任务中击败自己的竞争对手。胜利可以为获胜者带来名气、工作机会以及全行业的认可。

照片中描绘的人及其家人都对这些图像的使用方式没有任何发言权，甚至对于他们是人工智能测试平台的一部分的事实可能毫不知情。面部照片这一研究主题很少为人所知，也很少有工程师会认真关注。正如NIST的文件所描述的那样，面部照片的存在纯粹是为了"改进面部识别的工具、技术和程序，因为它能够支持下一代识别项目（Next Generation Identification，NGI）、法医比较、培训、分析，以及面部图像一致性与机构间交换标准"。多重遭遇数据集的描述文件冷冰冰地指出，许多人表现出曾承受暴力的迹象，例如疤痕、瘀伤和绷带。但研究人员推测，这些迹象"难以解释，因为缺少与'清白'样本进行对比的基本事实"。这些人不被视为个人，而是作为共享技术资源的一部分——只是作为另一种面部识别验证测试程序的数据组件，这就是该领域备受推崇的"黄金标准"。

多年来，为了研究AI系统的构建方式，我研究了数百个数据集，但NIST面部照片数据库尤为令人不安，因为它们代表了未来的发展模型。NIST数据库预示了一种现已彻底渗透科技行业的逻辑的出现：一切都是数据，且随时可被使用。无论照片在哪里拍摄，是否反映了某个脆弱或痛苦的时刻，或者是否代表了一种羞辱研究对象的形式都无关紧要。在整个行业中，获取和使用任何可用的东西已经变得如此寻常，因此很少有人停下来质疑其潜在的政治合理性。

从以上意义来看，面部照片是当前AI创造方法的原始基础。这些图像背后的来龙去脉以及权力的运用被认为是无关紧要的，因为它们不再作为独立的事物存在。它们不被视为具有意义或道德重量的个人形象，或者监狱系统中结构性权力的代表。任何个人的、社会的和政治的意义都被认为是中立的。我认为这体现了从图像到基础结构的转变，在此过程中对个人形象或场景背后的来龙去脉可能给予的意义或关怀，在其成为能够驱动一个更为广阔的系统的聚合体的一部分时，就被认为是可清除的。所有这些都被当作需处理然后运行的数据或者是为提高技术性能而被消耗的材料。这即是数据提取主义的核心前提。

机器学习系统每天都接受着这样的图像训练——这些图像是在没有背景信息和未经同意的情况下，从互联网或国家机构获取的。它们并不中立。它们代表着个人的历史、结构性的不平等，并与美国治安和监狱系统历史中的所有不公正为伴。但这些图像能够以某种方式作为非政治性的惰性材料的假设，影响了机器学习工具"观察"的方式和内容。计算机视觉系统可以检测到一张脸或一栋建筑，但不能检测到一个人为什么会出现在警察局里，或在那个时刻任何相关的社会与历史背景。最终，数据的具体实例（例如一张脸的照片）对于训练AI模型来说会被认为是不重要的。重要的是一个足够多样化的集合。任何单个图像都可以轻松被另一个图像替换，系统依然会以同样的工作方式来运行。而且，从互联网和社交媒体平台这些不断壮大且分布在全球的宝库中总能获取更多的数据。

　　一个穿着橙色连身衣站在镜头前的人，将被非人化为更多的数据。他来自哪里，他的照片是如何被获取的，以及他背后的制度与政治背景都被忽略了。这些数据被用来制作拥有面部识别等功能的工具。入案照片集被视为能够提供免费、光线充足的面部图像的实用资源，一个被用来测试面部识别技术的基准。无论一个人是否被定罪，这些数据都在未经同意的情况下被拿走使用。就像不断收紧的棘轮①一样，死者、嫌疑人和囚犯的面部被收集起来，用来加强警方和边境监控的面部识别系统，然后进一步监控和拘禁人们。

　　如今，所有可公开访问的数字资料——即使是隐私的或可能具有破坏性的——都被一视同仁地抓取并收集到训练数据集中，用于为诸如治安维持、广告推广、文本翻译以及招聘自动化等应用生成AI模型。毋庸置疑，这种大规模获取数据的行为已成为人

---

① 一种外缘或内缘上有刚性齿形表面或摩擦表面的齿轮，是组成棘轮结构的重要构件。由棘爪推动做步进运动，这种啮合运动的特点是棘轮只能向一个方向旋转，而不能倒转。——译者注

工智能领域的重要基础。那我们是如何走到这一步的呢？到底是什么样的数据构造方式促进了背景信息、意义和特异性的剥离？如何在机器学习中获取、理解和使用训练数据？训练数据在哪些方面限制了人工智能解释世界的要素和方式？这些行为增强和催生了哪些形式的权力？

本章介绍了数据成为人工智能成功神话背后驱动力的原因，以及可以轻松抓取所有数据的方式。但这种标准操作产生的更深层次的影响却很少能得到解决，而这些影响进一步加剧了权力的不对称。人工智能行业培养了一种无情的实用主义，它蔑视背景环境、谨慎行事或以对方的准许为前提的数据提取，同时还提倡这样一种观点，即大量收集数据对于创建有利可图的计算"智能"系统是必要且合理的。这导致了一场深刻的蜕变：所有形式的图像、文本、声音和视频都只是AI系统的"原始数据"，而目的能证明手段的合理性。但我们应该发问：谁在这场蜕变中受益最大？为何这些占主导地位的数据叙事仍然存在？我们在前几章中看到的，塑造了与地球和人类劳动关系的数据提取逻辑，同样也是人工智能使用和理解数据的一个决定性特征。通过将训练数据作为机器学习整体中的一个首要案例进行仔细观察，我们便能够看到这场转变的关键所在。

让机器"看见"

为什么目前的机器学习系统需要大量数据？考虑这个问题是十分有用的。有关此问题的一个现实案例就是计算机视觉，计算机视觉是人工智能的一个子领域，涉及训练机器检测和解释图像的能力。图像解释是一项极其复杂且关联性较强的工作，它在计算机科学领域很少被讨论。图像是非常不稳定的，它们承载了多种潜在的意义、无法解决的问题以及矛盾。而如今，创建计算机视觉系统的第一步，通常是从互联网上抓取成千上万甚至数百万张图像，然后建立一系列分类体系来对它们进行排序，并以此作为系统感知可观察事实的基础。这些庞大的图片集合被称为训练数据集，它们构成了AI开发人员通常所说的"基本事实"。于是，真相不再是现实表征或取得共识的现实，而是从各种可用的在线资源中抓取的混乱图像。

人类工程师通过向计算机提供被标记的训练数据，来监督机器学习的效果。这一过程中有两种不同类型的算法发挥作用：学习器和分类器。学习器是在这些被标记的数据示例上进行训练的算法；然后它会通知分类器，如何最佳地分析新输入的数据和预期输出数据或预测结果之间的关系。此算法可能会预测图像中是否包含人脸，或者电子邮件是否为垃圾邮件。正确的被标记数据的示例越多，算法就越能产生准确的预测。机器学习模型有很多种，包括神经网络、逻辑回归和决策树。工程师将根据他们正在构建的内容选择一个模型——无论是面部识别系统还是检测社交媒体上的辱骂性评论——并为其匹配适合的计算资源。

为了构建一个可以检测苹果和橙子图片之间差异的机器学习系统，首先，开发人员必须收集和标记数以千计的苹果和橙子的图像，并基于此训练神经网络。在软件方面，算法会对图像进行统计调查，并开发一个模型来识别两个"类别"之间的差异。如果一切按计划进行，经过训练的模型将能够区分它以前从未遇到过的苹果和橙子图像之间的差异。

但是，在我们的示例中，如果所有苹果的训练图像都是红色的，而没有一个是绿色的，那么机器学习系统可能会推断"所有苹果都是红色的"。这就是所谓的归纳推理，一种基于可用数据的开放假设，而不是从前提之上遵循逻辑推导出来的演绎推理。鉴于该系统的训练方式，青苹果完全不会被识别为苹果。因此，训练数据集是大多数机器学习系统进行推理的核心。它们是AI系统用来生成预测基础的主要原材料。

训练数据不仅定义了机器学习算法的特征，还被用于评估算法随着时间推移的表现。就像珍贵的纯种马一样，机器学习算法在全世界的比赛中不断彼此"竞赛"，工程师以此判断哪些算法在给定的数据集上表现得最好。这些基准数据集成了通用语所依赖的字母表，来自全球多个国家的众多实验室都向规范集聚拢，试图超越彼此。最著名的比赛之一是图网（ImageNet）挑战赛，研究人员在比赛中相互竞争，来看谁的方法可以最准确地分类和检测物体和场景。

一旦训练集被确立为有用的基准，这些训练集往往会被改编、构建以及扩展。正如我们将在下一章中看到的那样，一种训练集的谱系诞生了——新的训练集继承了早期案例中的学习逻辑，然后衍生出了后续的案例。例如，图网借鉴了1980年代语言语料库词网（WordNet）使用的单词分类法；我们将在下一章中看到，词网语料库的来源也有很多，包括1961年出版的拥有100万个词条的布朗语料库（Brown Corpus）。训练数据集站在旧分类和集合的肩膀上。就像一本不断扩大的百科全书一样，旧的形态仍然存在，而新的东西在几十年里不断增加。

因此，训练数据是构建当代机器学习系统的基础。[①]这些数据集塑造了AI的认知边界，从这个意义上说，它们决定了AI"看"世界的界限。但训练数据是现实情况的一种脆弱的形态——即使是最大的数据库也无法避免在一个无限复杂的世界被简化和分类时出现的基本滑移。

数据需求简史

"世界已经进入一个高度可靠且廉价的复杂设备的时代；一定会有什么事情发生。"这句话出自范尼瓦尔·布什（Vannevar Bush），作为发明家和行政官员，他以科学研究与开发办公室主任的身份负责曼哈顿项目，后来还参与了国家科学基金会的创建。1945年7月，原子弹还没有落到广岛和长崎，布什构想的一种新型数据连接系统理论也尚未诞生，但他当时就已开始设想"未来的高级算术机器"将以极快的速度运行并"自己选择数据，且按照指令对其进行处理"。但这些机器需要大量的数据：

> 这样的机器胃口很大。表现之一就是，这些机器会从满屋子女孩敲击键盘的操作中得到指令和数据，并且每隔几分钟就会提供一份计算结果。在数百万人所做的复杂事务的细节中，总会有很多东西需要计算。

---

① 20世纪70年代后期，雷扎德·迈克尔斯基（Ryszard Michalski）编写了一种基于符号变量和逻辑规则的算法。这种语言在20世纪80年代和20世纪90年代非常流行，但是，随着决策和资格规则变得更加复杂，该语言变得越来越不可用。与此同时，使用大型训练集的潜力引发了从概念聚类到当代机器学习方法的转变。

　　布什提到的"满屋子女孩"即是执行日常计算工作的按键操作员。正如历史学家詹妮弗·莱特（Jennifer Light）所提出的，这些妇女通常只被认为是能够理解数据记录的输入设备。然而，从事实的角度来看，她们加工数据和运行系统的角色，与设计战时数字计算机的工程师的角色一样重要。数据和处理系统之间的关系，已经被认为是一种无休止的消耗。机器需要大量的数据，并且肯定将从数百万人中提取广泛的素材。

　　20世纪70年代，人工智能研究者主要在探索一种专业系统方法：利用基于规则的编程，通过阐明逻辑推理的形式来缩小可能行动的范围。但他们很快就发现，这种方法在现实世界中是脆弱和不切实际的，在现实世界中，规则集（rule set）几乎无法处理不确定性和复杂性。对于新方法的需求开始出现，直到80年代中期，研究实验室开始转向概率论或使用"蛮力"。简而言之，他们通过运用大量的计算周期来计算尽可能多的选项，以找到最佳结果。

　　一个重要的案例来自IBM研究所的语音识别团队。语音识别的问题最初是通过语言学方法来解决的，但随后信息理论家弗雷德·耶利内克（Fred Jelinek）和拉利特·巴尔（Lalit Bahl）组成了一个新团队，其中包括彼得·布朗（Peter Brown）和罗伯特·默瑟（Robert Mercer）[这件事发生在后者成为亿万富翁，与剑桥分析公司（Cambridge Analytica）、布莱巴特新闻（Breitbart News）以及唐纳德·特朗普（Donald Trump）的2016年总统竞选合作之前]。他们尝试了一些不同方法。最终，他们的技术为Siri和龙语音（Dragon Dictate）的语音识别系统，以及谷歌翻译和微软翻译等机器翻译系统奠定了基础。

　　他们开始使用统计学的方法，将注意力集中在单词关联出现的频率上，而非尝试使用语法原则或语言学特征来教计算机一种基于规则的方法。若想使该统计学方法发挥作用，就需要大量真实的语音和文本数据或是训练数据。正如媒体学者李晓昌所写的，这种方法需要"将语音从根本上简化为数据，以在缺乏语言知识或理解的情况下对其进行建模和解释。语音变得不再重要"。这样的转变是举足轻重的，未来几十年这种模式被不断使用：从内容简化到数据，从意义简化到统计模式识别。李晓昌解释道：

> 然而，对数据原则而非语言原则的依赖带来了一系列新的挑战，因为这意味着统计模型必然由训练数据的特征决定。因此，数据集的大小成为一个核心问题。……更大的观察结果数据集不仅改善了随机过程的概率估计，而且增加了数据捕获更罕见结果的概率。事实上，训练数据的规模对IBM的方法至关重要，以至于在1985年，罗伯特·默瑟用简简单单的一句话"更多的数据就是更好的数据"来解释他们团队未来的发展方向。

在过去的几十年中，数据获取的难度很大。正如拉利特·巴尔在接受李晓昌采访时所说："在过去……你甚至无法在计算机可读文本中轻松找到一百万个单词。我们得想尽办法去寻找文本。"他们尝试了IBM技术手册、儿童小说、激光技术专利、盲人书籍，甚至还尝试了编写第一个氢弹设计方案的IBM研究员迪克·加文（Dick Garwin）的信函。他们的这些研究方法与科幻作家斯坦尼斯拉夫·莱姆（Stanislaw Lem）的一篇短篇小说产生了奇妙的呼应，书中一个名为特鲁尔（Trurl）的人决定建造一台可以写诗的机器。

他从"820吨关于控制论与12000吨最优秀的诗歌书籍入手"。但后来特鲁尔意识到,若要对自主诗歌写作机进行编程,需要"从最开始,就一次次地从宇宙级别的数据中进行挖掘,或者至少要找到其中优质的部分"。

最终,IBM的语音识别团队从一个意想不到的数据源中,找到了"宇宙"中属于他们的"优质部分"。1969年,法院对IBM提出了一项重大的联邦反垄断诉讼,这一诉讼持续了13年,其间传唤了近千名证人。为此,IBM聘用了大量的员工,将所有证词以数字化的形式记录到霍勒瑞斯打孔卡(Hollerith punch cards)上。到20世纪80年代中期,这一举措最终生成了一个囊括一亿单词的语料库。名声在外的反政府机构——美世(Mercer)公司称,"政府没有意识到,自己竟然意外地创造出了一个有用的案例"。

IBM并不是唯一一个开始大量收集词汇数据的组织。1989—1992年,宾夕法尼亚大学一个由语言学家和计算机科学家组成的团队一直致力于开发一个带注释文本的数据库——宾夕法尼亚树库(Penn Treebank)项目。团队收集了450万个美式英语单词以训练自然语言处理系统,其数据来源包括能源部文摘、《华尔街日报》(*Wall Street Journal*)新闻专线文章,以及联邦新闻社报道中有关南美洲"恐怖主义活动"的消息。他们发现,新获取的文本集通常会从早期的文本集中借用数据,然后再贡献出新的资源。数据收集的谱系开始出现了,每一个数据集都建立在前一个的基础上——并且拥有大量相同的特性、问题或疏漏。

安然公司在宣布了美国历史上最大的破产案后,引发了一次欺诈调查行动,而另一个经典语料库案例便源自此处。联邦能源监管委员会出于案件搜寻的目的,调查了158名员工的电子邮件。由于

"公众的披露权高于个人的隐私权"，委员会决定在网上发布这些电子邮件的内容。这些邮件就此形成了一个非同寻常的数据集。超过50万次的日常对话交流现在可被用作语料库，即便这些交流仅仅代表158名工人的性别、种族和专业倾向。安然语料库目前已被数千篇学术论文引用。尽管备受欢迎，但很少有人对其进行过仔细研究。《纽约客》(The New Yorker)将其描述为"一本没有人真正阅读过的经典研究文本"。这种对训练数据的构建和依赖预示着一种新的行事方式的出现。这种行事方式引发了自然语言处理领域的变革，并为机器学习的常规实践奠定了基础。

问题的种子就此种下。文本档案被视为语言的中立集合，就如同技术手册中的词语与同事们邮件交流的用语之间存在等价性一样。所有文本都是可重复利用和可交换的，只要有足够的文本，便可以训练出一个语言模型，并以非常高的成功率预测出词语的前后顺序。与图像一样，文本语料库运行时，会假设所有训练数据都是可互换的。但语言不是一种惰性物质，无论在哪里获取的语言数据都不会完全以相同的方式运行，比如红迪（Reddit）论坛中的语句与安然公司高管撰写的句子是不尽相同的。收集到的文本中会有偏差、区别和偏见，这些都会被内置于更大的系统中，如果语言模型是基于聚集在一起的单词而建立的，那么这些单词的来源就变得十分重要。语言是没有中立基础的，所有的文本集合都有时间、地点、文化和政治的痕迹。另外，一些语言由于缺少可用数据，人们无法使用此类研究方法进行分析，于是失去了关注。

显然，有许多历史背景事件可以与IBM训练数据、安然档案或宾夕法尼亚树库项目联系起来。如何认识这些数据集中有意义和无意义的内容？如何有效地传达诸如"该数据集可能因依赖于对

80年代南美恐怖分子的新闻报道而有所偏离"之类的警告？系统底层数据的来源是非常重要的，但30年后，依然没有标准方法来记录所有这些数据的来源或获取的方式——更不用提数据获取方式的伦理问题，或这些数据集包含的会影响所有依赖他们的系统的偏差类型。

捕获面部数据

虽然计算机可读文本在语音识别方面越来越受到人们重视，但人类脸部数据是构建面部识别系统的核心。20世纪的最后10年出现了一个重要案例，美国国防部反毒品技术开发计划办公室资助了人脸识别技术（Face Recognition Technology，FERET）计划，以开发用于情报侦查和执法的自动人脸识别技术。在FERET计划之前，可用的人脸训练数据并不多，只有包含50张左右人脸的数据集，无法进行大规模的面部识别。美国陆军研究实验室领导的技术项目创建了一个训练数据集，该训练集包含1000多人的多种姿势的肖像信息，总计14126张图像。就像NIST的面部图像数据集一样，FERET计划的数据集成了一个规范基准——一个用来比较检测人脸识别方法的共享测量标尺。

创立FERET计划的目的包括：实现面部图像的自动搜索、机场与边境的监控，以及搜索驾照数据库以进行"欺诈检测"（FERET团队发表的研究论文中，一个具体的案例便是多重福利索赔）等。其中两个主要的测试场景为面部图像的自动搜索和机场与边境的监控。首先是面部图像的自动搜索，其需要将已知的个人面部图像集合提交给算法，然后算法必须从大规模的图像集合中找到最接近的匹配项。其次是机场与边境监控，要从大量不知名的人群中识别一个已知的个体，比如"走私犯、恐怖分子或其他类型的罪犯"。

这些照片被设计为机器可读，并非用于人眼观看，但它们却可以带来非同寻常的视觉效果。这些图像出奇漂亮，它们以正式肖像画的风格、高分辨率的格式呈现，拍摄地为乔治梅森大学（George Mason University），拍摄设备为35毫米镜头的相机。密密麻麻的大头照展现了各式各样的人，其中一些人拥有精心设计的发型、珠宝和妆容。第一组照片拍摄于1993年至1994年，好似装有20世纪90年代初发型与时尚的时间胶囊。被拍摄者被要求将头转向多个位置，当浏览这些图像时，你可以看到侧身肖像、正面肖像、不同级别照明的肖像，有时被拍摄者还穿着不同的服装。一些对象的拍摄跨度长达多年，用来展开年龄跟踪的研究。每位被拍者都在了解了该项目的前提下，签署了经大学伦理审查委员会批准的知情表。因此，这些人知道自己在参与怎样的项目，并表示完全同意。这种水平的知情告知制度在以后的几年中变得非常少见。

FERET计划成了正式"制作数据"的标志，之前从未有过任何大规模的互联网数据抓取工作，像FERET一样，拥有知情告知制度并采用专业完备的相机来进行操作。尽管如此，在早期阶段，收集到的面部数据存在多样性不足的问题。发表于1996年的FERET研究论文承认"数据库中的年龄、种族和性别的分布出现了一些问题"，但"在程序的层面，包含大量个人信息的数据库的算法性能，才是最关键的问题"。事实上，FERET计划在该领域作出了很大的贡献，2001年后，随着人们对恐怖分子监测的关注度逐渐提升，面部识别技术需要的资金支持也在急剧增加，这时FERET的数据成为最常用的基准。也就是从那时起，生物识别跟踪技术与自动化视觉系统的发展规模开始扩张，影响范围也越来越大。

从互联网到图网

互联网改变了很多方面。在人工智能研究领域，互联网被视为一种"天然的"、可获取的资源。随着越来越多的人将他们的图片上传到网站、照片共享服务器，最终传至社交媒体平台，掠夺数据的活动开始了。一时间，训练数据集的规模已经达到了20世纪80年代的科学家无法想象的规模。之前为了仔细定位面部数据而设置多种照明条件、受控参数和设备来仔细地拍摄照片的操作已不再需要。现在，在每种可能的照明条件、位置和景深下，都有数百万张自拍照。人们开始分享他们的婴儿照、家庭照以及其他旧照，这些照片成了追踪基因相似性和面部衰老的理想资源。此外，每天互联网都会产生数万亿行的各类文本。如果把机器学习系统比作一个磨坊，这些数据就像待加工的谷物一样，并且拥有极大的体量。例如在2019年，平均每天约有3.5亿张照片被上传到脸书，5亿条推文被发送至推特（Twitter）。而这仅仅是两个位于美国的互联网平台。任何在线的信息和数据都能构成人工智能的训练数据集。

如今的科技巨头占据强势的地位：他们拥有源源不断的图像和文本数据渠道，分享内容的人越多，他们的力量就越大。人们很乐意免费为他们的照片贴上姓名和地点的标签，而这种无偿劳动为机器视觉和语言模型系统带来了更准确的标记数据。在行业内，这些数据集是非常有价值的。考虑到隐私问题和它们所代表的竞争优势，科技巨头之间是永远不会分享这些专有资源的。但行业之外的人，例如学术界领先的计算机科学实验室，如果他们也想获得同样的优势，他们怎能负担得起收集数据图片并让参与者标记时间地点的费用呢？此时，新的思路出现了，那就是让廉价的众包劳动力从事互联网图像和文本的提取工作。

AI领域中最重要的训练数据集之一便是图网（ImageNet）。这一概念于2006年被首次提出，创立者李飞飞教授决定构建一个庞大的目标识别数据集。"我们决定要做些史无前例的事情，"李教授说道，"我们打算绘制出整个世界。"图网团队在2009年的计算机视觉大会上发布了突破性研究海报。它的开头是这样描述的：

> 数字时代带来了巨大的数据爆炸。根据最新估计，Flickr①上有超过30亿张照片，YouTube上的剪辑视频也有相似的数量级，而谷歌图片搜索数据库中的图像数量甚至更多。通过利用这些图像，可以构建出更复杂、更强大的模型和算法，从而为用户提供更好的应用程序，以制作索引，检索、组织数据以及与数据交互。

从一开始，数据就被描述成海量、无序、非个人化且随时可以被利用的东西。文章作者说："究竟如何利用和组织这些数据是一个尚未被解决的问题。"通过从互联网上提取数百万张图像（主要通过使用图像搜索引擎获取），研究人员得到了一个"大规模图像实体"，旨在为研究对象和图像识别算法"提供关键训练数据与基

---

① 雅虎旗下图片分享网站。——译者注

准数据"。通过使用这种方法，图网的体量变得非常庞大。团队从互联网上大规模收集了超过1400万张图像，这些图像被分为两万多个类别。尽管成千上万的图像有着隐私性很高且不宜公开的内容，但团队的任何研究论文都没有优先考虑甚至没有提到有关获取个人数据的道德问题。

　　一旦从互联网上抓取了这些图像，一个主要的问题就出现了：由谁给它们贴上标签并归入可理解的类别？正如李教授描述的那样，他们第一个计划是以每小时10美元的价格，聘用本科生手动查找图像并将其添加到数据集中。但她意识到，按照他们的预算，完成该项目需要90多年的时间。一名学生向李教授介绍了一项新服务：亚马逊土耳其机器人，解决问题的办法便呼之欲出。正如我们在第二章中看到的，这个分布式平台的出现，意味着人们能快速获得规模庞大的分布式劳动力，并让他们大规模、低成本地执行在线任务，例如标记和分类图像。"我可非常确定地告诉你，那天学生给我看了亚马逊土耳其机器人的网站后，我就已经知道图网项目会成功，"李教授说道，"突然间，我们就发现了一种可以大规模运用的工具，这是我们无法通过聘用普林斯顿本科生来实现的。"不出所料，本科生没有得到这份工作。

　　学生被取代后，图网一度成了亚马逊土耳其机器人全球最大的学术型客户，他们建立起一支小团队，平均每分钟可以将50张图像分到数千个类别中。这些类别包括苹果、飞机、潜水员、相扑选手等。但也有许多残忍的、具有攻击性和种族主义的标签：人们的照片被分为"酒鬼""猿人""疯子""妓女"和"斜眼"等类别。没有一个图网的架构师仔细研究这些图像，或是这些令人感到不适的类别，因此毫无疑问，这些图片多年来一直都存在于互联网中。在过去的十年中，图网逐渐成长为用于机器学习对象识别的庞然大物，并成为该领域非常重要的基准。这种未经事先同意且通过互联网用户免费的标签抓取大量数据的方式，成了该领域的标准做法。此后出现的数百个新训练数据集也与图网如出一辙。正如我们将在下一章中看到的，这些实践——以及它们生成的标记数据——最终又回到了图网项目中。

知情同意制度的终结

　　21世纪初的几年标志着由知情制度驱动的数据收集方式的转变。除了不需要分阶段拍摄照片，负责收集数据集的人单方面可以决定将互联网中的内容纳入自己的囊中，而不需要签署协议、声明或经过道德审查。尽管他们声称拥有大量数据，但更令人不安的数据抓取方式开始出现。例如，在科罗拉多大学科罗拉多斯普林斯分校，一位教授在校园的主要步道上安装了一只摄像头并秘密拍摄了1700多名学生和教职员工的照片——所有这些照片都是为了训练他自己的面部识别系统。杜克大学（Duke University）一个类似的项目组，在学生不知情的情况下，收集了2000多名学生课间走动时的镜头，然后将研究结果发布在互联网上。这个名为DukeMTMC（用于多目标的多摄像头面部识别）的数据集由美国陆军研究办公室和美国国家科学基金会资助。

　　但科罗拉多大学与杜克大学发生的事情绝不是孤立的个案。在斯坦福大学，研究人员从旧金山一家生意兴隆的咖啡馆征用了一个网络摄像头，在未经任何人同意的情况下获取了近12万张"繁忙市中心咖啡馆的日常生活"图像。一次又一次，未经当事人同意而抓取的数据被传给机器学习的研究人员，而他们使用这些数据的情境，可能会使被拍者感到恐惧不安。

另一个例子是微软的里程碑式训练数据集"MS-Celeb"，2016年，该数据集从互联网上抓取了大约10万个名人的近千万张照片。当即成了世界上最大的公共面部识别数据集，其中不仅包括著名的演员与政治家，还包括记者、活动家、政策制定者、学者和艺术家。具有讽刺意味的是，在这些未经同意就被纳入数据集的人中，有些以批评监视和面部识别而闻名，包括纪录片导演劳拉·波伊特拉斯（Laura Poitras）、数字权利活动家吉莉安·约克（Jillian York）、评论家叶夫根尼·莫罗佐夫（Evgeny Morozov），以及《监视资本主义》（*Surveillance Capitalism*）的作者肖莎娜·祖博夫（Shoshana Zuboff）等。

即使从数据集中删除个人信息，并且非常谨慎地发布出来，人们还是会被认出来，或者与他们有关的高度敏感信息会被泄露。例如，在2013年，纽约市出租车与豪华轿车委员会发布了一个包含1.73亿次出租车行程的数据集，其中包括接送时间、地点、票价和小费金额。出租车司机的编号本是匿名的，但随后也被公布出来，使研究人员能够推断出他们的年收入与家庭住址之类的敏感信息。一旦与名人博客等公共信息来源相结合，诸如演员和政客等名流的个人信息就很容易被识别出来，并且可以推断出哪些人去过脱衣舞俱乐部及他们的地址。但除了对个人产生伤害之外，这些类型的数据集还会对整个群体或社区产生"可预测的隐私伤害"。例如，通过观察出租车司机在祷告时间的停运情况，这些纽约出租车数据集还能被用来调查哪些人是虔诚的宗教信徒。

任何看似无害且匿名的数据集，都可能带来许多意想不到且高度个性化的信息，但这一事实并没有减缓对图像和文本的收集速度。随着机器学习在成功后开始依赖越来越大的数据集，人们对数据的需求越来越大。但是，为什么尽管科学家、研究人员和有关公司早就知道其潜在的危害，而日益扩张的人工智能领域还会接受这种做法？到底是怎样的信念、理由和经济激励使这种大规模的数据提取和视数据为一般等价物的现象变得正常化？

数据的神话与隐喻

想要深入了解机器学习中关于数据崛起的神话，只需看看人工智能教授尼尔斯·尼尔森（Nils Nilsson）在2010年撰写的人工智能史。在这段多次被引用的话中，他巧妙地解释了数据在技术学科中的典型描述：

> 大量的原始数据需要高效的"数据挖掘"技术来进行分类、量化和提取有用信息。由于可以处理大量数据，机器学习方法在数据分析中发挥着越来越重要的作用。而且从事实的角度来看，数据越多则越好。

尼尔森的这番话与几十年前罗伯特·默瑟的观点遥相呼应，尼尔森认为数据无处不在，而这对于机器学习算法的大规模分类来说大有裨益。因此出现了一个被广泛接受且不言自明的信念：即数据可以被获取、改进，并变得有价值。

但随着时间的推移，既得利益集团精心操纵和支持了这一信念。正如社会学家玛丽恩·弗卡德（Marion Fourcade）和基兰·希利（Kieran Healey）所指出的，强制收集数据的行为不仅来自数据行业，还来自他们所属的机构以及他们部署的技术：

> 来自技术的制度性命令是最有效的：我们做这些事情是因为我们能做……专业人士的建议，制度环境的需要和技术支持使组织能够收集尽可能多的个人数据。收集到的数据可能远远超出这些组织的想象或分析能力，但这并不重要。人们假设这些数据最终是有用的，即有价值的……现代组织既受到数据势不可挡的文化性推动，又配备了强大的新工具来推动这种趋势。

这样便产生了一种道德指令，即收集数据以改善系统，而不去关心数据收集在未来可能会造成怎样的负面影响。"越多越好"这一可疑信念背后的想法是，一旦收集到足够多的不同数据，个人信息就是完全可知的。但什么才算数据？历史学家莉萨·吉特尔曼（Lisa Gitelman）指出，每个学科和机构"对于数据的认知都有自己的规范和标准"。在21世纪，数据变成了可以任意获取的东西。

诸如"数据挖掘"与"数据是新的石油资源"之类的术语和短语作为一种修辞手法的一部分，将数据的概念从个人的、私密的或受制于所有权和控制权的事物转变成更为惰性和非人类化的事物。数据开始被描述为一种消耗资源、一种需要被控制的流量或一种需要被利用的投资。"数据是新的石油资源"的表述变得普遍，虽然它暗示数据是一种用于提取的原始材料，但它很少被用来强调石油和采矿业中的一些成本因素：例如契约劳工、地缘政治冲突、资源枯竭以及超出人类时间尺度的后果等。

最终，"数据"变成了一个没有血色的词；它掩盖了其物质来源和目的。如果数据被视为抽象的和非物质的，那么它更容易脱离传统的理解，以及和关心、认同或风险相关的责任。正如研究人员卢克·斯塔克（Luke Stark）和安娜·劳伦·霍夫曼（Anna Lauren Hoffman）提到的，将数据隐喻为等待被发掘的"天然物质"，已经是殖民大国几个世纪以来惯常使用的一种行之有效的修辞技巧。如果数据来自原始和"未提炼"的资源，那数据抓取就是合理的。如果数据被认为是待发掘的新石油资源，那么机器学习已被视为抓取数据必要的提炼过程。

数据也开始被视为资本，这与将市场视为组织价值的主要形式的观点一致。算法把人类活动通过数字痕迹表现出来，然后在评分指标中进行统计和排序，这其实是一种提取价值的方式。正如弗卡德和希利观察到的那样，那些拥有正确数据信号的人，例如获得了折扣保险或拥有更高市场地位的人，可以获得更多优势。主流经济中的"高成就者"往往在数据评分经济中表现良好，而那些最贫穷的人则成为最危险的数据监视与提取形式的靶子。当数据被视为一种资本形态时，只要能保证收集更多数据，那么一切都是合理的。这是集中数据提取的主要驱动因素之一。社会学家贾森·萨多夫斯基（Jathan Sadowski）还研究了数据作为资本运作的方式，以证明不断增加的数据提取周期是合理的：

> 因此，数据收集是由资本积累的永久循环驱动的，这反过来又驱动资本构建并依赖一个一切都由数据组成的世

界。所谓的数据普遍性将一切都重新定义为属于数据资本主义范畴的东西。所有的空间都必须被数据化。如果将宇宙视为潜在的无限数据储备容器，那么这将意味数据的积累和循环可以永远持续下去。

数据积累与流动的驱动力是其强大的潜在意识形态。萨多夫斯基提出，海量数据提取是"不断积累前行的前沿事物，是资本主义的未来"，也是使AI发挥作用的基础。因此，整个行业、机构和个人都不希望这一前沿事物——数据获取的源头——受到质疑或失去平衡。

机器学习模型需要持续的数据流才能变得更加准确。但机器只能渐近，永远不会达到完全精准，这进一步推动算法从尽可能多的人身上提取信息，来为人工智能提供"燃料"。这造成了从"人类主体"（一个出现于20世纪伦理辩论中的概念）到"数据主体"的转变，也就是向缺少主观性、背景信息或明确权利的数据点集合的转变。

"只是一名工程师"

绝大多数大学开展的智能研究都是在没有经过任何伦理审查程序的情况下完成的。但是，如果机器学习技术被用于为教育和医疗保健等敏感领域提供决策信息，那么为什么它们不接受更严格的审查呢？为了理解这一点，我们需要看看人工智能的前身学科。在机器学习和数据科学出现之前，应用数学、统计学和计算机科学等领域，在历史上并没有被认为是研究人类的学科。

在人工智能出现后的最初几十年里，在这些领域的研究所依赖的基础科学认为人类数据与其研究是相去甚远的。尽管机器学习中的数据集通常来自并代表人类及其生活，但使用这些数据集展开的研究，更多地被视为是一种没有实质性风险的应用数学形式。道德保护机构，如基于大学的机构审查委员会，多年来一直接受这一立场。这一观点最初是有道理的；因为该委员会主要关注生物医学和心理学实验中常见的方法，而在这些方法中，干预会给个体被试者带来明显的风险，而计算机科学则被认为抽象得多。

一旦人工智能脱离了80年代和90年代的实验室环境，进入了现实世界——例如试图预测哪些罪犯会再次犯罪或谁应该获得福利等——其潜在的危害就会扩大。此外，这些危害还会影响整个社区及其中的个人。但是社会仍然相信一个强有力的假设，即公开可用的数据集只带来极少的风险，因此应该免于道德审查。这个想法是早年间的产物，很长一段时间以来，在不同地点之间转移数据比现在困难得多，且存储成本也非常高。那些早期的假设已经脱离了机器学习当前的发展脚步。现在的数据集更容易相互联通，可被无限更换意图、持续更新，并且通常是脱离上下文的。

随着人工智能工具变得更具侵入性，以及研究人员越来越容易在不与被试者互动的情况下访问数据，人工智能的风险状况正在迅速发生变化。例如，一组机器学习研究人员发表了一篇论文，声称他们已经开发出一种"犯罪自动分类系统"。特别的是，他们的研究重点聚焦在暴力犯罪与帮派之间的关系，他们声称其神经网络只用四条信息进行预测：武器、嫌疑人数量、邻近区域和位置信息。研究人员使用洛杉矶警察局犯罪数据集来完成这项工作，该数据集记录了五万多起犯罪行为，并将其中一些标记为与帮派有关。

帮派数据以不准确性和漏洞百出而臭名昭著，但研究人员却使用这个数据库和其他类似的数据库作为训练预测AI系统的权威来源。例如，加州警方广泛使用的加利福尼亚帮派（CalGang）数据库已被证明存在重大错误。州审计员发现，在他们审查的数百条记录中，有23%的数据缺乏罪犯属于某帮派的充分证据。该数据库还包含42名婴儿，其中28名婴儿因"承认是帮派成员"而被列入名单。名单上的大多数成年人从未受到过指控，但一旦被纳入数据库，就无法再被删除。而被列入数据库的原因，仅仅像穿着红衬衫和邻居聊天一样简单。正是由于这些微不足道的理由，黑人和拉丁裔被不成比例地添加到该数据库中。

当研究人员在人工智能与社会伦理大会（AI, Ethics, and Society Conference）上展示他们的帮派犯罪预测项目时，一些与会者感到不安。正如《科学》杂志报道的那样，观众提出的问题包括"团队如何确保训练数据一开始就不存在偏见"以及"当有人被错误地贴上帮派成员的标签时会发生什么"。介绍这项工作的哈佛大学计算机科学家侯灿（Hau Chan）回应说，他不知道如何使用这一新工具。"我只是一名工程师。"他说。一位听众引用了一首以战时火箭科学家维尔纳·冯·布劳恩（Wernher von Braun）为灵感创作歌曲的歌词作为回应："一旦火箭升起，谁在乎它们从哪里落下?"

"只是一名工程师"这个短语反映了整个人工智能领域的一个更普遍的做法，即避免承认或承担人工智能的危害。正如研究员安娜·劳伦·霍夫曼所写：

> 这里存在的问题，不仅仅是有偏见的数据集、不公平的算法或意外的后果。这也反映了一个更持久的问题，即

研究人员主动扩散能够破坏脆弱社区并加剧当前不公正的想法。即使哈佛大学团队提出的识别帮派暴力的项目从未实施，但不是已经造成了某种损害吗？他们的项目本身难道不是一种文化暴力行为吗？

有害思想的再现事关重大，因AI现已从一个仅在大学实验室中使用的实验学科，转变为在数百万人中进行大规模测试的领域。这是历史上的一个重要时期，技术工具被迅速构建到系统中，这些系统不仅会强化长期的结构性偏见和文化暴力，而且还会以不可见、不负责任且难以逆转的方式使它们变得自动化。

机器学习和数据科学方法往往会在研究人员和被试者之间建立一种抽象关系，在这种关系中，工作是在远离最需关注的社区展开的。AI研究人员与数据关注的对象之间的疏远是一种长期建立的实践。早在1976年，当人工智能科学家约瑟夫·魏泽鲍姆写下他对该领域研究的严厉批评时，他就观察到计算机科学已经在试图绕过所有的人类环境。他认为数据系统允许科学家在战时与"因其传达出的想法而被武器系统致残或杀死"的人们保持心理距离。魏泽鲍姆看来，解决办法是与数据代表的实际内容直接抗衡：

> 因此，教训是，科学家和技术专家必须通过意志和想象力，积极减少这种心理距离，以对抗那些使他摆脱行为后果的力量。他必须——就这么简单——想想他实际上在做些什么。

魏泽鲍姆希望科学家和技术人员能够更深入地思考他们工作的

后果——以及谁可能面临风险。但这不会成为人工智能领域的标准。相反，数据往往被视为可以随意获取、不受限制使用并且不需背景信息就可进行解释的东西。掠夺式的国际数据提取文化是剥削性的、侵入性的，并会产生持久的伤害。而许多行业、机构以及个人都有强烈的动机保持这种"殖民"态度——数据就在那里等待提取——他们不希望受到质疑或监管。

占领大众

尽管存在隐私、道德和安全方面的担忧，但当前普遍存在的数据提取文化仍在持续扩张。通过研究能够免费用于AI开发的数千个数据集，我得以窥见用于人脸识别的技术系统，以及如何以人类少见的方式为计算机呈现世界。这些系统中存在一些庞大的数据集，里边存储着自拍、文身、陪孩子走路的父母、各种手势、开车的人、闭路电视中的罪犯，以及数百种日常人类行为，如坐下、挥手、举杯或哭泣。每种形式的生物数据（包括病理特征、生物特征、社会特征和心理特征）都被抓取并记录到数据库中，供AI系统查找有关模式并进行评估。

训练集在伦理、方法论和认识论的角度都出现一些了复杂的问题。大多数训练集是在人们不知情或未经当事人同意的情况下构建的，它们往往是从Flickr、谷歌图片搜索以及YouTube视频等在线资源中获取的，或是由联邦调查局等政府机构所捐赠。这些数据现在被用于拓展面部识别系统、提高健康保险费率、惩罚不专心开车的司机，以及为预测性警务工具提供支持。但是现在，数据提取的实践正在更加深入地拓展至人类生活的各个领域，这些领域曾经是禁区，或因成本太高而无法触及。科技公司已经采取了一系列方法来取得新的进展。语音数据是从厨房柜台或卧室床头柜上的设备收集的；物理数据来自智能手表和人们口袋里的手机；对书籍和报纸的偏好数据来自平板电脑和笔记本电脑；手势和面部表情的评估数据则来自工作场所以及教室。

收集人们的数据以构建人工智能系统存在明显的隐私问题。以英国皇家NHS信托基金会与谷歌子公司DeepMind达成的交易为例，他们共享了160万名患者的数据记录。英国国家医疗服务体系（NHS）是一个受人尊敬的机构，受托对所有人提供免费的医疗保障，同时保证患者数据的安全。但在对其与DeepMind达成的协议进行调查时，人们发现其因未充分通知患者而违反了数据保护法。信息专员的调查结果指出："创新不一定要以侵蚀基本隐私权为代价。"

但还存在其他的问题，这些问题受到的关注要少于隐私问题。数据提取和训练数据集构建是以对公共领域的商业化抓取为前提的。这种特殊形式的侵蚀是一种隐秘的私有化过程，即从公共物品中提取知识价值。数据集可能仍然是公开可用的，但数据的元价值——即由它创建的模型——是私有的。当然，使用公共数据可以做很多好事，但是一直存在一种未被完成的社会期望，也是在某种程度上的技术期望，即通过公共机构以及在线公共空间进行共享的数据的价值，应该以其他的公用形式回归公共利益。相反，我们看到少数私营公司现在基本上垄断了这一行业——即从这些来源中获取信息和利润。人工智能背景下的新淘金热包括将人类知识、感觉和行动的不同领域——每一种可用数据——都纳入永无止境的收集扩张主义逻辑中，而这已形成了对公共空间的掠夺。

从根本上说，多年来数据积累的实践促成了强大的数据提取逻辑，这种逻辑现在是人工智能领域运作的核心特征。这种逻辑使拥有最大数据获取渠道的科技公司变得富足，而未被开采的数据空间却大大减少。正如范尼瓦尔·布什所预见的那样，这些机器的胃口很大。但是，如何填饱它们的胃口，以及填饱其胃口所需要的数据，对它们如何阐释世界有着巨大的影响，其拥有者的关注重点将始终影响这种愿景的货币化方式。通过查看塑造与联结AI模型和算法的训练数据层，我们可以发现收集和标记有关世界的数据是一种社会性和政治性的干预，即使它伪装成纯粹的技术干预，也是如此。理解、捕获、分类和命名数据的方式，从根本上来说是一种构建世界并对其进行控制的行为。其对人工智能的全球运作方式以及决定哪些社区将受到最大冲击产生了巨大的影响。把数据收集神话为计算机科学中仁慈的实践，掩盖了其中的权力运作，保护了获利最多的人，同时让他们不用对后果负责。

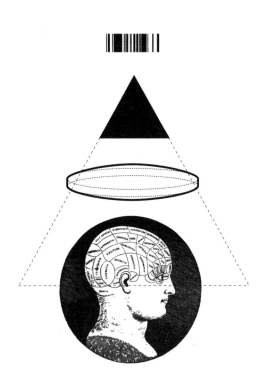

第四章

分类

我被骷髅包围着。在这个房间里，大约有500个人类头骨，它们被收集的时期为19世纪早期。它们都被涂上了清漆，额骨上刻有以黑色墨水写下的数字。头骨上有精致的手涂圆圈，标出了颅相学中与特定品质相关的头骨区域，包括"仁慈"和"崇敬"等。有些头骨上还刻有一些大写的词语，比如"荷兰人""印加人"或"疯子"（见图4.1）。所有这些头骨都经过了美国颅骨学家塞缪尔·莫顿（Samuel Morton）的精心称重、测量和标记。莫顿是一名医生和自然历史学家，也是费城自然科学院的成员。他通过与其他科学家以及颅骨寻宝人进行网络交易，从世界各地收集人类头骨，这些科学家和头骨寻宝人有时甚至通过盗墓的方式，为莫顿的实验室提供标本。到1851年生命结束时，莫顿已经收藏了1000多个头骨，这是当时世界上最大的头骨收藏。莫顿收藏的大部分档案，现在都存放在费城宾夕法尼亚博物馆体质人类学学部的一间教室里。

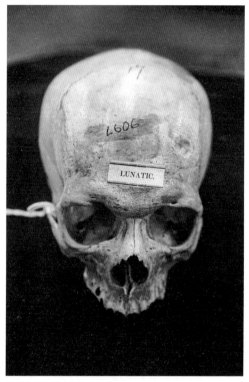

图4.1　莫顿颅骨收藏中一个被标记为"疯子"的头骨（摄影：凯特·克劳福德）

　　莫顿不是古典颅相学家，因为他不相信可以通过头部的形状来解读人的性格。相反，他的目标是通过比较头骨的物理特征，来"客观地"对人类进行分类和排名。为此，他将世界上的人类划分为五个"种族"：非洲人、美洲原住民、高加索人、马来人和蒙古人——这是当时的典型分类法，也是主导地缘政治的殖民主义心态的反映。这种分类基于"多基因论"——相信不同的人类种族在不同时期先后进化——这个观点被欧美白人学者合法化，并受到殖民探险家的欢迎，他们将其视为暴力和掠夺的理由。颅骨测量法逐渐成为他们的主要方法之一，因为该方法声称能够准确评估人类的差异和优势。

我看到的许多头骨都属于出生在非洲，但是在"新世界"中被奴役致死的人。莫顿通过用铅弹填充颅腔，然后将其倒回圆柱体内，并以立方英寸为单位测量铅的体积来测量这些头骨。随后他发表了自己的研究结果，与他从其他地方获得的头骨相比：白人拥有最大的头骨，印度人其次，黑人头骨则最小。莫顿这种按种族划分的平均颅骨体积表，被认为是当时科学的前沿研究成果。在19世纪接下来的几十年，他的成果作为客观的"硬"数据被人们引用，以此证明人类种族的相对智力和白人种族的生物学优势。这项研究在美国被用来维护奴隶制和种族隔离的合法性。考虑到当时的科技水平，即便该项研究已不再被学界参考，它仍被用于为统治阶级服务。

但莫顿的成果并不像其声称的那样拥有充足的证据。正如斯蒂芬·杰伊·古尔德（Stephen Jay Gould）在他的里程碑式著作《人类的误测》（*The Mismeasure of Man*）中所描述的：

> 简而言之，坦率地说，莫顿的总结是为了控制先验信念的利益而捏造、榨取和拼凑出的结果。然而，一方面，该案件中最有趣的一点是，我没有发现有意识欺诈的证据……另一方面，无意识欺诈的盛行表明了关于科学社会背景的一般结论。因为如果科学家们可以诚实地自欺欺人到莫顿的程度，那么在任何地方都可能发现既存的偏见，甚至是在测量骨骼与计算总和的基础领域。

古尔德和此后的许多人重新称量了头骨的重量，并重新检查了莫顿的证据。莫顿在计算以及程序上都存在错误，例如忽略了体型较大的人具有更大的大脑这一基本事实。他选择了支持白人优势理念的样本，并删除了偏离组平均水平的子样本。宾夕法尼亚博物馆进行的当代头骨评估显示，人与人之间没有明显的差异——即使使用莫顿自己收集的数据。但"先验偏见"作为一种看待世界的方式，塑造了莫顿所认为的客观科学以及一个自我强化的循环，影响了他的发现，就像充满铅的头骨本身一样。

正如古尔德所说，颅骨测量学是"19世纪占主导地位的基于生物决定论的数字科学"，它的核心基本假设存在"严重错误"：即大脑大小与智力成正比，不同的人类种族是不同的生物物种，且这些种族可以被根据其智力和先天特征进行等级划分。最终，这种种族科学被揭穿，正如康奈尔·韦斯特（Cornel West）所言，其主要的隐喻、逻辑和分类，不仅支持白人至上的观点，而且还使有关种族的具体政治理念成为可能，同时将其他理念排除在外。

莫顿的成果预示着当今人工智能领域中测量和分类的一些认识论层面的问题。将颅骨形态与智力以及最终的合法权利联系起来，作为殖民主义和奴隶制的技术托词。虽然人们更倾向于关注颅骨测量中的错误，以及如何纠正这些错误，但更严重的错误在于激发这种方法论的潜在世界观。因此，目标不应该是要求更准确或"公平"的头骨测量，以支持种族主义的智力模型，而是完全谴责这种测量方法。莫顿使用的分类实践在本质上是政治性的，他对智力、种族和生物学的无效假设产生了广泛的社会和经济影响。

分类政治学是人工智能的核心实践。分类实践说明了"机器智能"是如何在从大学实验室到科技行业的过程中产生的。正如我们在前一章中看到的那样，世界上的现象通过提取、测量、标记以及排序，被转化为数据，这在有意或无意中成了每个接受过该数据训练的技术系统承认的一种模糊的基本事实。当AI系统被证明会产生关于种族、阶级、性别、残疾或年龄的歧视性结果时，制造AI的公司面临着相当大的压力，他们需要改革其工具，或使他们的数据变得多样化。但结果往往非常有限，他们通常试图从表面上解决更为明显的技术错误，并篡改数据使其看起来更为合理。而一组更为基本的问题明显被忽视：分类操作如何在机器学习中发挥作用？当我们分类时，利害因素有哪些？分类与分类以何种方式进行交互？哪些不言而喻的社会与政治理论是对世界进行分类时的基础和支撑？

杰弗里·鲍克（Geoffrey Bowker）和苏珊·利·斯塔尔（Susan Leigh Star）在他们具有里程碑意义的分类研究中写道："分类是强大的技术。当被嵌入工作基础设施中时，它们会变得相对不可见，而又不会失去任何力量。"我们分类和测量的方法将永远是强大的，无论是在AI训练集中标记图像、使用面部识别追踪人类行为，还是将铅弹注入头骨。但是，正如鲍克和斯塔所观察到的那样，分类消失了，"成为基础设施、习惯，以及理所当然的东西"。我们很容易忘记，为了塑造技术系统而随意选择的分类，可以在塑造社会和物质世界方面发挥动态作用。

关注人工智能中的偏见的趋势，会使我们偏离评估人工智能分类的核心实践及其伴随的政治问题。为了看到实际效果，我们将对21世纪的一些训练数据集进行探索，并观察它们的社会秩序模式是如何纳入等级制度并放大不平等的。我们还将研究当前关于人工智能偏见的辩论的局限性，包括常被提出的建立数学意义上的平等以产生"更公平的系统"，而不是改变潜在的社会、政治和经济结构。简而言之，我们将探究人工智能是如何使用分类来对权力进行编码的。

循环逻辑系统

10年前，关于人工智能可能存在偏见的说法被认为是异端邪说，但现在歧视性AI系统的例子却有很多，从苹果公司信誉算法中的性别偏见，到指南针（COMPAS）犯罪风险评估软件中的种族主义，再到脸书广告定位中的年龄偏见。图像识别工具对黑人面部信息进行错误归类，聊天机器人采用种族主义和厌女的语言，语音识别软件无法识别女性声音，社交媒体平台向男性展示的高薪招聘广告多于女性等。正如学者鲁哈·本杰明（Ruha Benjamin）和萨菲娅·诺博（Safiya Noble）展示的那样，整个科技生态系统中有数百个例子。但还有更多的案例从未被发现或公开承认。

一名调查记者或吹哨人揭发人工智能系统如何产生歧视性结果，这是正在进行的"人工智能偏见"叙事中的一个典型环节。接下来，这个故事被广泛传播，出现问题的公司承诺解决这个问题。随后，要么系统被新事物取代，要么公司进行技术干预以试图产生更公平的结果。这些结果和技术修复手段仍然是专有和保密的，但机构仍要公众放心，偏见的弊病已经被"治愈"。为什么这些形式的歧视经常发生？以及除简单的基础数据集内容不足或算法设计不当外，是否存在更多基本问题？此类公开辩论非常少。

行为中偏见的一个更生动的例子来自亚马逊的一个内部账户。2014年，该公司决定尝试实现推荐和招聘员工流程的自动化。如果自动化能够在产品推荐和仓库组织方面提高利润，那么按照逻辑，它也可以提高招聘效率。用一位工程师的话来说："他们真心希望推荐系统能够成为一个引擎，给它100份简历，它就会吐出排名靠前的

5位，然后公司就会聘用这些人。"机器学习系统被设计来以1到5级对应聘者进行排名，这也映射了亚马逊的产品评级系统。为了构建底层模型，亚马逊的工程师使用了一份包含其10年内的同事简历的数据集，然后根据这些简历中出现的5万个术语训练了一个统计模型。很快，系统开始不那么重视常用的工程术语，比如编程语言，因为每个人都在他们的工作经历中列出了它们。相反，模型开始重视在成功应用中重复出现的一些更微妙的线索，并且出现了对特定动词的强烈偏好。例如"执行"和"捕获"。

招聘人员开始使用该系统，作为他们日常做法的补充。很快，一个严重的问题出现了：系统不推荐女性。它会对女子大学学生候选人，以及任何包含"女性"一词的简历进行主动降级。即使用编辑系统消除了明显的性别指涉的影响后，偏见仍然存在。霸权男性气质的代表继续出现对语言的性别化使用中。该模型不仅作为一个分类体系对女性持有偏见，而且对常见的语言的性别化形式也存在偏见。

无意间，亚马逊创建了一个诊断工具。亚马逊10多年来聘用的绝大多数工程师是男性，因此他们创建的模型是根据男性的成功简历进行训练的，并且学会了为未来招聘推荐男性候选人。过去和现在的就业实践正在塑造未来的招聘工具。通过男性气质在语言、简历和公司本身中的编码方式来看，亚马逊的系统出人意料地揭示了偏见已经存在的方式。该工具强化了亚马逊现有的动态，并突出了过去和现在人工智能行业缺乏多样性的特征。

亚马逊最终关闭了招聘实验。但是偏差问题的规模远超一个系统或一条失败的路径。人工智能行业习惯性地将偏见问题理解为一个需要修复的错误，而不是分类本身的特征。结果就是，各个公司都只专注于调整技术系统以在不同的群体之间产生更大的数量平等，正如我们将看到的，这种做法已经产生了它的问题。

理解偏见与分类之间的关系，需要超越对知识生产的分析——例如确定数据集是"有偏见的"还是"无偏见的"——而着眼于知识构建本身的机制，社会学家卡瑞恩·克诺尔·塞蒂娜称之为"认知机制"。要看到这一点，则需要观察历史上的不平等模式是如何影响资源和机会的获取，进而对数据产生影响的。这些数据随后被提取，并被用于可进行分类和模式识别的技术系统，从而产生被认为是客观的结果。结果是产生了一种统计学上的循环形态：一种自我强化的歧视机器，以技术中立为幌子，放大了社会不平等。

去偏见系统的限制

为了更好地理解分析AI偏见的局限性，我们可以看看修复这种偏见的尝试的局限性。IBM试图通过创建他们所说的更具"包容性"的数据集——"人脸多样性"（Diversity in Faces，DiF）数据集来回应对AI系统存在偏见的担忧。DiF是针对研究人员乔伊·博拉姆维尼（Joy Buolamwini）和提姆尼特·格布鲁（Timnit Gebru）一年前发布的突破性结果所做的行业回应的一部分，这项工作表明，IBM、微软和亚马逊等公司制造的几种面部识别系统，对于肤色较深的人，尤其是女性的识别错误率要高得多。因此，这三家公司内部都在不断努力，以展示在解决问题方面取得的进展。

IBM研究人员写道："我们希望人脸识别能够准确地为我们每个人工作。"但"解决多样性挑战"的唯一方法，则是构建"一个由所有人的面部信息组成的数据集"。IBM的研究人员没有考虑到，这本身就是一个危险的提议，他们决定从来自Flickr的1亿张图像中提取数据，Flickr是当时互联网上最大的公开可用数据集。然后，他们制作了一个包含100万张照片的小样本，并测量了每张脸中五官之间的颅面距离：如眼距、鼻宽、唇高、眉毛高度等。与莫顿测量头骨一样，IBM研究人员试图对颅骨测量值进行分配，并创建差异类别。

IBM团队声称，他们的目标是增加面部识别数据的"多样性"。然而，尽管已经进行了谨慎的控制，他们创建的分类仍揭示了这种"多样性"背后的政治倾向。例如，为了标记人脸的性别和年龄，团队要求众包工人使用男性或女性这种具有限制性的二元分类进行主观注释。任何似乎不属于此二元分类的人都将被从数据集中删除。IBM的多元化视野强调对颅眶高度和鼻梁类型的广泛选择，但完全忽视了跨性别或二元性别之外人群的存在。"公平"被简化为仅仅意味着机器主导的面部识别系统的准确率更高，而"多样性"是指用于训练模型和提高准确率的更大范围的人脸数据。颅骨测量分析就像一个诱饵和一个开关，最终将多样性的想法去政治化，并以对变化的关注取而代之。一切都由设计师来决定，包括谁和怎样的事物会发生变化，以及变化的程度。同样，分类实践的本质是集中权力：即决定哪些差异拥有能够产生影响的权力。

IBM的研究人员接下来的结论问题更大："我们传统中的各个方面，包括种族、民族、文化、地理等，以及我们的个人身份——年龄、性别和可见的自我表达形式——都反映在我们的脸上。"这一结论没有承认，所有这些特征都是可变的、可转移的、具备文化解释特性，并具有不稳定意义。

IBM对多样性进行分类的狭隘技术方法，同样源于其团队所拥有的工具。人们使用颅骨测量法并不是因为其在某种程度上是了解人类更有见地的工具，而是因为这是一种可以通过机器学习来完成的方法。工具的可供性成了真理的地平线。大规模开展颅骨测量的能力，促使人们渴望在这些测量中找到意义，即使这种方法与文化、遗产或多样性无关。它们只是用来增加对"准确性"的特定理解的一种方式。关于准确性和性能的技术主张，被关于类别和规范的政治选择击穿，但这一点很少被承认。这些方法根植于生物学即是命运的意识形态前提，于是，我们的面部数据成为我们的命运。

偏见①的多重定义

自古以来，分类行为就与权力保持一致。在神学中，命名和划分事物的能力是上帝的神圣行为。"范畴"（category）一词来自古希腊语katēgoría，其由两个词根组成：kata（反对）和agoreuo（公开讲话）。在希腊语中，这个词可指审判中的逻辑主张或指控——暗指科学和法律的分类方法。

偏见作为一个术语的历史谱系的出现时间则更晚近。它首次出现于14世纪，在几何学中它指的是斜线或对角线。到了16世纪，它已经具有了类似于目前大众所理解的含义，即"不适当的成见"。到20世纪初，偏差在统计学中发展出更具技术性的含义，它指的是样本和总体之间的系统差异，而样本并不能真正地反映整体。机器学习正是从这种统计传统中得出对偏差的理解，这种理解与一系列其他概念相关：泛化、分类和方差。

---

① "偏见"与"偏差"在英文中皆为bias，这里视情况作不同翻译。 ——编者注

　　机器学习系统旨在从大量训练示例中进行归纳，并对未包含在训练数据集中的新观察对象进行正确分类。换句话说，机器学习系统可以执行一种归纳，即从特定示例（例如求职者过去的简历）中学习以决定在新示例中寻找哪些数据点（例如新求职者简历中的词组）。在这种情况下，术语"偏差"指的是在泛化的预测过程中可能发生的一种错误类型，即系统在呈现新示例时表现出的系统性或经常性再现的分类错误。这种类型的偏差通常与另一种类型的泛化误差形成对比——方差，方差是指算法对训练数据差异的敏感性。具有高偏差和低方差的模型可能对数据欠拟合——未能捕获其所有重要特征或信号。或者，具有高方差和低偏差的模型可能会过度拟合数据——构建的模型离训练数据太近，因此除了数据的重要特征外，它还可能捕获一些"噪声"。

　　在机器学习之外，偏见还有许多其他含义。例如，在法律中，偏见是指某种先入为主的观念或意见，一种基于成见的判断而不是基于对案件事实性的公正评估的决定。在心理学领域，阿莫斯·特沃斯基（Amos Tversky）和丹尼尔·卡尼曼（Daniel Kahneman）研究了"认知偏见"，即人类判断系统地偏离概率预期的方式。最近关于内隐偏见的研究，强调了无意识态度和刻板印象是如何"造成与一个人公开声明的或认可的信念或原则背道而驰的行为方式"。这里的偏见不仅仅是一种技术错误；它还涉及人类的信仰、陈规或不同形式的歧视。这些定义上的混淆，限制了偏见作为一个术语的实用性，尤其是当来自不同学科的人们使用这一术语的时候。

　　毫无疑问，人们可以通过改进技术设计，来更好地考虑其系统是如何产生偏差和歧视性结果的。但是，在急于得出解决统计偏差的狭隘技术方案时，人们通常会跳过一个更难解答的问题，即为什么人工智能系统会延续各种形式的不平等，即使这是解决更深层次结构问题的充分方法。人工智能中的知识工具反映并服务于更广泛的数据提取经济的激励机制，而这些激励机制存在很多问题。剩下的则是权力的持续不对称，无论设计者的意图如何，技术系统都保持了结构性的不平等。

用于训练机器学习系统的每个数据集，无论是在有监督还是无监督机器学习的背景下，无论是否在技术上被视为"有偏见"，都包含一种特定的世界观。创建训练集，即是将一个几乎无限复杂和多变的世界，固定为一个由被谨慎分类的数据点组成的分类体系，这个过程包含了内生性的政治、文化与社会选择。通过关注这些分类，我们可以窥见内置于AI世界架构中的各种形式的权力。

训练集作为分类引擎的案例：图网

在上一章中，我们回顾了图网的历史，以及这个基准训练集自2009年创建以来，是如何对计算机视觉研究产生持久影响的。通过仔细观察图网的结构，我们可以看到数据集的排序方式及其映射世界中各种对象时的底层逻辑。图网的结构如迷宫一样，且体量庞大、令人好奇。图网的底层语义结构是从词网导入的，词网是一个词语分类数据库，最初由普林斯顿大学认知科学实验室于1985年开发，由美国海军研究办公室资助。词网被构想为一个机器可读的字典，用户可以在其中根据语义而不是字母的相似性进行搜索。它成了计算语言学和自然语言处理领域的重要资源。词网团队收集了尽可能多的单词，从布朗语料库开始——一个在20世纪60年代由一百万个单词汇编而成的集合。布朗语料库中的单词来自报纸和一堆乱七八糟的书籍，如《巫术疗法》(*Therapy by Witchcraft*)、《家庭防辐射避难所》(*The Family Fallout Shelter*)，以及《谁统治着婚床》(*Who Rules the Marriage Bed*)等。

　　词网试图将英语组织成"同义词集"(synsets)。图网研究人员只选择了名词，认为名词是图片可以表示的东西——这可以训练机器自动识别物体。因此，图网的分类法是根据嵌套层次结构组织的，其中每个"司集(synset)"代表一个不同的概念，同义词被分在一组[例如，"机动车(auto)"和"汽车(car)"属于同一个集合]。层次结构从更一般的概念转移到更具体的概念。例如，"椅子"这个概念出现在"人工制品→装潢→家具→座位→椅子"之下。不出所料，这种分类系统反映了许多先前的分类等级，从林奈生物分类系统到图书馆书籍的排序。

　　但图网世界观真正令人感到奇怪的现象，是它的九个顶级类别，其他所有类别都在其下顺序排列。这九个类别为：植物、地质构造、自然物体、运动、人工制品、真菌、人、动物和杂项。这些都是奇怪的类别，其他所有类别都必须从中分出。在此之下，会生成数以千计奇怪且特定的嵌套层，其中包含数百万张图像，就像俄罗斯套娃一样。嵌套层中包括苹果、苹果黄油、苹果饺子、苹果天竺葵、苹果果冻、苹果汁、苹果蛆、苹果锈、苹果树、苹果盒子、苹果车和苹果酱等类别。图片库中包含热线、热裤、电热板、火锅、改装车、辣酱、温泉、香甜热酒、热水浴缸、热气球、热软糖酱和热水瓶等。一堆乱七八糟的词，被整理成奇怪的类别，就像博尔赫斯故事中的神话百科全书。在图像层面，它看起来很疯狂。有些图片是高分辨率的摄影棚照片，有些是模糊且光线不足的手机照片，有些是孩子们的照片，还有些是色情剧照。此外，有些图片是卡通漫画，有封面女郎、宗教偶像、著名政治家、好莱坞名人和意大利喜剧演员等。数据集中的内容从专业到业余，从神圣到世俗。

对于人的分类是观察分类政治起作用的好地方。在图网中，"人体"类别属于：自然对象→身体→人体的分支，其子类别包括"男性身体""人""少年身体""成人身体"和"女性身体"。"成人身体"类别包含子类"成人女性身体"和"成人男性身体"。这里有一个隐含的假设，即只有"男性"和"女性"身体被认为是"自然的"。术语"雌雄同体"属于一个专门的图网类别，它位于分支：人→感觉论者→双性之内，与类别"假性阴阳人"（Pseudohermaphrodite）和"左右手均能击球的运动员"（Switch Hitter）并列。

甚至在我们查看图网中更具争议的类别之前，我们就可以看到这种分类方案的政治意义。以这种方式对性别进行分类的决定，也将性别归为一种生物结构，它是二元的，跨性别或性别非二元的人要么不存在，要么被置于性征类别之下。当然，这并不是一种新奇的方法。图网中性别和性行为的分类层次使人回想起早期具有危害性的分类形式，例如精神疾病诊断和统计手册（Diagnostic and Statistical Manual，即DSM）中将同性恋归类为精神障碍。这种带有深度污名化的分类是用来证明让人们接受所谓的"治疗"的压制性行为是合理的，在经历了人们多年的激进的反对后，美国精神病学协会才于1973年将其删除。

同性恋医学化是强大的社会体系与行业构建新的人与物的类别的众多例子之一。正如伊恩·哈金所描述的那样，人文科学长期以来试图将人分为具有确定属性的固定类别。但最好将它们理解为"活动的"，因为它们不仅影响被分类的人，而且它们影响人的方式反过来会改变分类。哈金称之为"循环效应"，当科学从事"造人"的工作时，就会产生这种效应。鲍克和斯塔尔也同样强调，一旦构建了人的分类，他们就能以难以被察觉的方式，使一个有争议的政治类别变得稳定。除非受到积极的抵制，否则这些分类会被认为是理所当然的。当极具影响力的基础设施和训练数据集已被视为纯粹的技术时（而实际上它们在其分类法中包含了激进的干预行为），我们在AI领域看到了这种现象：它们纳入了世界的一种特定秩序。

定义"人"的权力

有一种创建类别的魔法：将秩序强加于未分化的群体，将现象归于一个范畴，即给事物命名，反过来又是一种将该范畴具体化的手段。

在最初位于图网层次结构中的21841个类别中，诸如"苹果"或"苹果黄油"之类的名词类似乎没有争议，但并非所有名词都是平等的。借用语言学家乔治·拉科夫（George Lakoff）的观点，"苹果"的概念比"光"的概念更具有名词性，而"光"的概念又比"健康"这样的概念更具有名词性。名词在从具体到抽象，从描述到判断的轴线上占据不同的位置。这些梯度在图网的逻辑中已经被抹掉了。一切都被压平并固定在标签上，就像展示柜中的蝴蝶标本。分类的结果可能是种族主义的、不合逻辑的和残忍的，尤其是在涉及对人施加的标签时。

10年以来，图网在顶级类别"人"下囊括了2832个子类别。图片关联最多的子类别是"美少女"（gal，有1664张图片），其次是"祖父"（1662张）、"爸爸"（1643张）和CEO（1614张，其中大部分为男性）。有了这些包含众多群体的类别，我们已经可以开始看到世界观的轮廓。图网将人分为多种类型，根据种族、年龄、国籍、职业、经济地位、行为、性格，甚至道德品行。

图网对人进行分类的方式存在很多问题。尽管某创始人已在2009年移除了一些明显具有冒犯性的词集，图网中仍有许多种族主义分类：包括阿拉斯加原住民、英裔美国人、黑人、非洲黑人、黑人女性（但没有白人女性）、拉丁美洲人、墨西哥裔美国人、尼加拉瓜人、巴基斯坦人、巴布亚人、南美印第安人、西班牙裔美国人、得克萨斯人、乌兹别克人、怀特人和祖鲁人。将这些作为组织分类的逻辑类别来呈现已经令人不安了，更不用说后来它们被用来根据外表对人进行分类。另一些人则按职业或爱好被贴上标签：如童子军、啦啦队成员、认知神经科学家、美发师、情报分析师、神话学家、零售商、退休人员，等等。这些类别的存在，表明人们可以被根据他们的职业来在视觉上进行排序，这似乎让人想起理查德·斯卡里（Richard Scarry）的童书《忙忙碌碌镇》（*What Do People Do All Day*）。图网还包含对图像分类毫无意义的类别，例如债务人、老板、熟人、兄弟和患有色盲的人。这些都是用来描述关系的非视觉概念，无论是之于其他人、金融系统还是之于视觉范围本身。

在图网的"人类"类别的深处，也有真正令人反感和具有危害性的类别。许多类别是带有厌女、种族主义、年龄歧视和残疾歧视色彩的，这些类别中包含侮辱、种族主义诽谤和道德判断的含义。

这些冒犯性的词语在图网中保留了10年。由于图网通常用于对象识别——"对象"的定义很宽泛，因此，在技术会议上很少讨论特定的人类类别，直到图网轮盘（ImageNet Roulette）项目病毒式传播之前，该分类也没有受到太多公众的关注。图网轮盘项目由艺术家特雷弗·帕格伦（Trevor Paglen）发起，项目包括一个应用程序，允许人们上传图像，以查看图网中的"人类"类别是如何对照片进行分类的。[1]该项目将相当多的媒体注意力集中在这样一个事实上：种族主义和性别歧视术语一直是这个有影响力的集合的一部分。图网的创建者不久之后发表了一篇题为《走向更公平的数据集》（*Toward Fairer Datasets*）的文章，试图"删除不安全的同义词集"。他们聘用12名研究生来标记任何看起来"令人反感"或"敏感"的类别（他们将其定义为并非天然地令人反感，而是"如果应用不当，可能会造成冒犯，例如根据性取向和宗教对人进行分类"。）。这里存在一个假设，即根据照片自动对人进行分类是可行的，除非不准确，只有带有亵渎性、种族主义色彩和性别歧视的术语才是令人反感的。正如我们所看到的，只有明显的冒犯性术语是最明显的问题，它们比它们背后更广泛的分类模式引起了更多的关注。

图网团队最终决定删除1593个被视为"不安全"的类别，以及相关的600040张图像。他们宣称剩下的50万张图片是安全的。但是，在对人进行分类时，什么才是安全的呢？对仇恨类别的关注并没有错，但它避开了更大的系统运作的问题。图网的整个分类法揭示了人类分类的复杂性和危险性。虽然"微观经济学家"或"篮球运动员"之类的术语最初似乎不如"麻痹患者""非技术人员""混血儿"或"乡下人"等标签令人担忧，但是当我们查看被标记为这些类别的人时，我们会看到多种假设和刻板印象，包括种族、性别、年龄和残疾。在图网的形而上学中，"助理教授"和"副教授"有单独的图像类别——

---

① 图网轮盘是艺术家特雷弗·帕格伦和我多年合作研究的成果之一，我们研究了AI中多个基准训练集的底层逻辑。由帕格伦领导、列夫·瑞格（Leif Ryge）制作的图网轮盘是一款应用程序，它允许人们与在图网中"人类"类别上训练的神经网络进行交互。人们可以上传自己的图像、新闻图像或历史照片，以查看图网标记它们的方式。人们可以看到有多少标签是匪夷所思的、种族主义的、厌女的，以及有其他问题的。该应用程序旨在向人们展示相关标签，同时还提前警告他们潜在的后果。所有上传的图像数据会在处理后被立即删除。

好像一旦有人升职，他们的生物特征就会反映排名的变化。

事实上，图网中没有中性类别，因为图像的选择总是与单词的含义相互作用。政治性被纳入分类逻辑，即使这些词并不令人反感。从这个意义上说，图网是一个教训，说明当人们像物品一样被分类时会发生什么。但这种分类实践近年来才变得更加普遍，通常在大型科技公司内部。像脸书这样的公司使用的分类方案，是更加难调查和批评的，因为在此类专有系统中，几乎没有为局外人提供调查或审计图像排序和分类方式的方法。

接下来是图网的"人类"类别中的图像来自哪里的问题。正如我们在上一章看到的那样，图网的创建者从谷歌等图像搜索引擎中收集了大量的图像，在人们不知情的情况下提取他们的自拍照和度假照片，然后使用土耳其机器人的工作人员对这些照片进行标记和重新包装。搜索引擎返回结果时出现的所有偏差和偏见，都被后续来对其进行抓取和标记的技术系统收录在内。低收入的众包工人被要求理解这些图像，并以每分钟50张的速度将它们分类，而这几乎是不可能的。当我们调查这些标记图像的底层分类原理时，我们会发现它们充满了荒谬和刻板印象，这也许就不足为奇了。躺在沙滩巾上的女人是"盗窃狂"，穿着运动衫的少年被贴上"失败者"的标签，还出现了被归类为"雌雄同体"的西格妮·韦弗（Sigourney Weaver）的图像。

图像——就像所有形式的数据一样——充满了各种潜在的意义、无法解决的问题和矛盾。为了解决这些歧义，图网的标签压缩并简化了复杂的图像。而通过删除攻击性术语使训练集更为"公平"的实践，是无法与被权力驱动的分类抗衡的，并且这一行为排除了对潜在逻辑进行更彻底的评估的可能。即使最坏的例子被修复，该方法仍然从根本上建立在与数据的提取逻辑上，这种逻辑把数据和产生它的背景分离。随后，数据通过一种技术世界观呈现出来，这种世界观试图将复杂多样的文化材料中融合成一种单一的客观形式。从这个意义上说，图网的世界观并不罕见。事实上，它是许多AI训练数据集的典型特征，它揭示了自上而下的方案的诸多问题，这些方案将复杂的社会、文化、政治和历史关系扁平化为可量化的实体。当涉及在技术系统中按种族和性别对人进行分类的广泛操作时，这种现象可能是最显而易见且最阴险的。

创建种族和性别

监视学学者西蒙·布朗（Simone Browne）观察到："这些技术存在一定的假设，即性别认同和种族的类别是明确的，机器可以通过编程来分配性别类别，或确定身体和身体部位应该表示什么。"确实，在机器学习中种族和性别可以被自动"检测到"的想法被视为一种假定的事实，并且很少受到技术学科的质疑，尽管这会带来严重的政治问题。

例如，UTKFace数据集（由田纳西大学诺克斯维尔分校的一个团队创建）包含了超过20000张带有年龄、性别和种族注释的人脸图像。该数据集的作者表示，该数据集可用于各种任务，如自动人脸检测、年龄估计和年龄推算。每张图像的注释包括每个人的估计年龄，由从0到116的数字表示。性别则用二进制来表示，男性为0，女性为1。其次，种族分为5类：白人、黑人、亚洲人、印度人和"其他人"。这里的性别和种族的政治性存在明显问题。然而，这些具有危害性的还原主义分类被广泛用于许多人类分类训练集，并且多年来一直是人工智能产品渠道的一部分，这一点毋庸置疑。

UTKFace狭隘的分类模式与20世纪有问题的种族分类方式相呼应，例如南非的种族隔离制度。正如鲍克和斯塔尔所详述的那样，1950年南非《人口登记法》和《种族分区法》创建了一个大概的种族分类方案，将公民分为"欧洲人、亚洲人、混血、有色人种以及'原住民'或纯血统"。这种种族主义的法律制度支配着人们生活的很大一部分，受影响的绝大多数是南非黑人，他们的行动受到限制并被强行驱逐出他们的土地。种族分类的政治性延伸到了人们生活中最私密的部分。根据1966—1967年的《不道德法案》（Immorality Act），跨种族性行为被禁止，到1980年该法案导致超过11500人被定罪，其中大部分是非白人女性。运行这些分类的复杂中央数据库由IBM设计与维护，但他们经常不得不重排系统并对人进行重新分类，因为在实践中没有单一的纯种族类别。每个人都是混合体，人们的分类会随着时间的推移而改变，并受到对他们进行分类的人的影响。这也是我们在机器学习的背景下看到的重复操作。

最重要的是，这些分类系统对人们造成了巨大的伤害，纯种族分类令人难以理解，且一直存在争议。哲学家唐娜·哈拉维（Donna Haraway）在她关于种的著作中观察到："在这些分类法中，分类器总是避开的对象非常简单，即种族本身。种族这个使梦想、科学和恐怖等事物活跃起来的纯粹类型，不断地从所有类型的分类器中溜走，以避免被分割，因此'种族'在分类系统中无休止地增加。"然而，在数据集分类法以及对其进行训练的机器学习系统中，"纯粹类型"的神话再次出现，并声称拥有科学的权威。

一些机器学习方法则超出了预测年龄、性别和种族的范畴。如从约会网站上的照片中检测性行为，以及基于驾照头像的犯罪行为推测等，已被广泛宣传。这些方法存在严重问题，原因有很多。其中最重要的是，诸如"犯罪"之类的特征——就像种族和性别一样——是具有深刻相对性和社会决定性的。这些不是固有的内在特征，它们会随时间和地点而变化。为了做出这样的预测，机器学习系统正在试图将完全相对性的事物确定为固定的类别。这一切都是通过高度偶然的训练数据完成的，这些数据来自不同的地方，并引发了许多道德问题。

机器学习系统正在以一种非常真实的方式创造种族和性别：它们在自己设定的条件内定义世界，这对被分类的人们产生了长期的影响。当此类系统被誉为能够预测身份和未来行动的科学系统时，它们掩盖了系统构建方式的技术弱点、设计者的优先级以及塑造它们的诸多政治分类过程。当技术系统为诸如个人身份之类的动态和相关的事物命名时，它们正在进行政治和规范干预，并且通常使用一系列能够深度模仿"真实的人类"的做法。这限制了人们代表自己并获得理解的方式的范围，并缩小了被承认的身份的范围。

回到伊恩·哈金论述的话题，他写道，对人进行分类是帝国的当务之急：臣民在被征服时被帝国分类，并被相关机构和专家归为"某一类人"。这些命名行为具有深远而持续的权力效应，并且，名字与人之间的相互作用，产生了比帝国本身更持久的理解方式，而分类技术产生并限制了认知方式，它们被植入人工智能的逻辑中。

测量的界限

▼

那么我们该做些什么呢？如果训练数据和技术系统中的大部分

分类，都是伪装成科学和测量的权力与政治形式，我们应该如何纠正那些非常真实并被记录在案的影响？在某些情况下，系统设计者应该如何解释为了造福一些群体，而对某些其他群体造成的奴役、压迫和数百年的歧视呢？换句话说，人工智能系统应该如何呈现社会情况？

做出关于哪些信息应被AI系统学习以产生新分类的选择，是一个有力的决策时刻，但谁来选择？基于什么样的基础？计算机科学的问题在于，关于人工智能系统的正义永远不会是可以编码或计算的东西。它需要转变为评估优化指标和统计奇偶性以外的新系统，并了解数学和工程框架出现问题的原因。这就意味着需要了解人工智能系统是如何与数据、工人、环境以及生活受其影响的个人进行交互的。

鲍克和斯塔尔得出结论，我们需要一种新的方法以应对高密度的分类方案冲突，一种"针对诸如模糊性分布的事物的地形学，以及基于板块构造而不是静态地质学的分类系统如何衔接的流体动力学"的敏感性。但也需要注意利益和痛苦的不均衡分配，因为"如何做出这些选择，以及我们如何思考这个无形的匹配过程，是伦理项目的核心"。

在本章中，我们已经看到分类的基础结构处理差异与矛盾的方式：它们不得不降低复杂性，并去除重要的背景信息，以使世界更易于计算。但分类结构也在机器学习平台中以翁贝托·艾柯（Umberto Eco）所称的"混沌列举"的形式激增。在一定的粒度上，相似和不同的事物变得足够可观，以至于它们的异同是机器可读的，但实际上，它们的特征却是无法控制的。

在此，问题远不止"分类错误"或"分类正确"。我们正在目睹更奇怪、更不可预测的扭曲出现，因为机器类别和人们相互作用并相互改变，这是由于机器类别试图在不断变化的形态中找到易读性，以进入"正确"的类别并被列入最有利可图的信息推送中。在机器学习领域，这些问题同样紧迫，因为它们更难被发现。危在旦夕的不仅是历史的好奇心，或是我们可能在平台与系统中瞥见的用虚线围起来的内容和信息推送之间不匹配的奇怪感觉。每一种分类都有其后果。

分类的历史向我们表明，人类分类的最具有危害性的形式——从种族隔离制度到同性恋的病态化——并没有在科学研究和伦理批判阳光的照耀下简单地消失。相反，变革还需要多年的政治活动、持续的抗议和大众运动。分类模式制定并支持形成它们的权力结构，如果没有相当大的努力，这些结构不会发生变化。用19世纪美国废奴运动领袖弗雷德里克·道格拉斯（Frederick Douglas）的话来形容："没有诉求，权力就不会让步。它从来没有，也永远不会让步。"而在机器学习分类的隐形制度中，提出诉求并反对其内部逻辑更难。

公开的训练集（例如图网、UTKFace 和DiF）让我们深入了解了在工业化AI系统和研究实践中传播的分类类型。但真正庞大的分类引擎是由私营科技公司在全球范围内运营的，无论是脸书和谷歌，还是抖音和百度。这些公司缺乏在运营过程中对用户分类和定位方式进行监督，并且他们未能提供清晰、独立的公共干预途径。当人工智能的匹配过程真正隐藏起来，人们无法了解他们为什么获得优势与劣势或如何获得这些优势与劣势的时候，就需要集体的政治回应——即使这样做会更加困难。

技术之外
社会联结中的人工智能

第五章

情感

在巴布亚新几内亚山区高地的一个偏远地带，一位名叫保罗·埃克曼（Paul Ekman）的年轻美国心理学家带着一套卡片和一个新理论来到这里。1967年，埃克曼听说，奥卡帕（Okapa）的福尔人与广阔的外部世界隔绝，这使得他们成为其完美的测试对象。像之前的许多西方研究人员一样，埃克曼来到巴布亚新几内亚是为了从原住民社区中提取数据。他正在收集证据来支持一个有争议的假设：所有人都表现出少量的"普遍情绪"或"情感"，这些情绪是自然的、先天的、跨文化的，并且在世界各地都是一样的。虽然这种说法依旧不广为人知，但它已经产生了深远的影响。如今埃克曼对情绪的假设，已经发展为一个价值超过200亿美元且不断扩张的产业。这是一个关于情感识别如何成为人工智能的一部分，以及它所带来的问题的故事。

在奥卡帕的热带地区，在医学研究员D. 卡尔顿·盖杜谢克

（D. Carleton Gajdusek）和人类学家E. 理查德·索伦森（E. Richard Sorenson）的指导下，埃克曼希望开展实验，以评估福尔人如何识别面部表情传达的情绪。由于福尔人很少与西方人或大众媒体接触，因此埃克曼认为他们对"核心"表达的识别和展示将证明此类表达具有普遍性。埃克曼的方法很简单。他给福尔人观看印有面部表情的卡片，看看他们是否像他一样描述这种表情。用埃克曼自己的话来说，"我所做的只是向他们展示有趣的图片"。

但埃克曼没有接受过关于福尔人历史、语言、文化或政治方面的培训。他试图通过翻译进行卡片实验的尝试失败了。他的皮钦语译员以及他的研究对象都对他表示不理解。埃克曼沮丧地离开了巴布亚新几内亚，他对情感表达进行跨文化研究的第一次尝试以失败告终。但这只是开始。

如今，在国家安全系统以及机场、教育和初创企业的招聘活动中都能找到情感识别工具，这些工具包括从声称能够"检测"精神疾病的系统到可以预测暴力的警务项目。通过查看基于计算机的情感"检测"的历史，我们可以了解到它是如何引起伦理问题和科学怀疑的。正如我们将在接下来看到的，通过分析面部特征来准确评估一个人的内部感觉状态的说法，其前提是不稳定的。事实上，2019年发表的一篇关于从面部运动推断情绪的现有科学文献的全面综述，明确了这一结论：没有可靠的证据表明能够从某人的面部特征准确预测其情绪状态。

这一系列有争议的主张和实验方法，究竟是如何转化为能够驱动情感人工智能行业的方法的？尽管有大量相反的证据，但为什么认为有一小部分普遍情感可以很容易地通过面部特征进行解释的观点能够在AI领域被人们广泛接受？要理解这一点，就要在人工智能

"情绪检测"工具被构建到日常生活基础设施中之前，对这些想法的发展轨迹进行追踪。

埃克曼只是众多对情感识别理论做出贡献的人之一。但埃克曼丰富而令人惊讶的研究历程阐明了推动该领域发展的一些复杂力量。他的工作与冷战期间美国情报部门对人文科学的资助有关，从计算机视觉领域的基础工作，到用于识别恐怖分子的后"9·11"事件安全计划，再到当前基于AI的情感识别风潮。这是一部编年史，结合了意识形态、经济政策、有恐惧背景的政治，以及获取超越人们意志的信息的欲望。

情感预测：当感情付出代价时

对于全世界的军队、企业、情报机构和警察部队来说，自动化情感识别的想法既引人注目又有利可图。它承诺能够可靠地从敌人中过滤朋友，区分谎言和真相，并使用"科学仪器"查看内部世界。

科技公司已经抓取了含有大量人类表情的面部图像——包括数十亿张Instagram自拍、Pinterest肖像、TikTok视频和Flickr照片。大量图像使得许多事情成为可能，其中之一便是尝试使用机器学习工具，提取内部情绪状态的"隐藏真相"。从最大的科技公司到小型初创企业，情感识别已被内置到多个面部识别平台中。虽然面部识别系统试图识别特定的个人，但情感检测旨在通过分析面部数据，来检测情绪并将情绪分类。这些系统可能没有充分完成任务，但它们仍然可以成为影响行为以及"训练"人们以可识别的方式行事的强大机制。这些系统已经在塑造人类行为和社会机构的运作方式方面发挥了作用，尽管缺乏实质性的科学证据来证明它们确实有效。

自动化情感检测系统现已被广泛运用，尤其是在招聘方面。伦敦一家名为Human的初创公司使用情感识别来分析求职者的视频面试表现。据英国《金融时报》（Financial Times）报道，"该公司声称可以发现候选人的情绪表达，并将其与相关的个性特征匹配"；随后，该公司会根据性格特征对不同的部分进行评分，例如诚实度或对工作的热情。AI招聘公司HireVue的客户包括高盛、英特尔和联合利华，该公司使用机器学习来评估面部线索，以此来推断人们对工作的适合程度。他们声称拥有一种"科学的方法"，可以使用人工智能从求职者的视频表现中提取微表情、语气和其他变量，然后比较他们与其他成功候选人和公司中表现最好的人的匹配程度。2016年1月之后，苹果公司收购了初创公司Emotient，该公司声称已开发出能够从面部图像中"检测"情绪的软件。Emotient源于加州大学圣迭戈分校的学术研究项目，是众多从事该领域工作的初创公司之一。在该领域内，或许Affectiva是最大的一家公司，该公司总部位于波士顿，起源于麻省理工学院的学术系统。在麻省理工学院，罗莎琳德·皮卡德（Rosalind Picard）和她的同事加入了一个被称为情感计算的新兴领域研究项目，该领域的研究描述了"与情绪或其他情感现象相关、源于或有意影响情绪或其他情感现象"的计算。

Affectiva公司主要采用深度学习技术，对各种与情感相关的应用程序进行编码。编码的范围从检测道路上不专心开车的司机，到测量消费者对广告的情绪反应等，通过监控面部表情即可实现。该公司建立了他们所称的世上最大的"情感数据库"，由来自

87个国家和地区的750万人的表情组成。其庞大的情感视频集合，由主要位于开罗的员工手工标记。越来越多的公司现已对Affectiva的数据和算法进行授权，让其开发新的项目，包括通过监测求职者的视频片段来评估求职者，检测学生是否参与课堂互动之类的应用程序，所有这些都是通过抓取并分析被评估者的面部表情和肢体语言来实现的。

除了初创公司，诸如亚马逊、微软和IBM等人工智能巨头都设计了情感与情绪检测系统。微软在其Face API中提供了情绪检测服务，该API声称可以检测个体在"愤怒、蔑视、厌恶、恐惧、快乐、中立、悲伤和惊讶"情绪中的感受，并声称"这些情绪被理解为以特定的面部表情来实现跨文化的与普遍的交流"。亚马逊旗下的Rekognition工具同样声称可以根据当前的标准，识别"七种情绪"（最近的更新包括一种"新的情绪：'恐惧'"）并"衡量这些情绪如何随时间变化，可以用于例如构建一个演员情绪的时间表等"。

但是这些技术是如何展开的呢？情绪识别系统在人工智能技术、军事优先项目和行为科学（尤其是心理学）的间隙中成长起来。它们共享一组相似的蓝图和基本假设：即存在少数独特且普遍的情感类别，我们会不由自主地将这些情感表现在我们的脸上，并且这些情感可以被机器检测到。这些信念在某些领域非常受欢迎，因此人们很难意识到它们的奇怪之处，更不用说去质疑它们了。它们已经根深蒂固，形成了"共同的观点"。但如果我们去检查下情绪分类的方式——即整齐地排列和标记——我们就会发现问题到处都是，而该领域的领军人物就是保罗·埃克曼。

"世界上最著名的人脸阅读者"

埃克曼的研究始于与西尔万·汤姆金斯（Silvan Tomkins）的一次幸运相遇，西尔万·汤姆金斯当时是普林斯顿的一位知名心理学家，他于1962年出版了他的杰作《情感意象意识》（*Affect Imagery Consciousness*）第一卷。汤姆金斯关于情感的工作成果对埃克曼产生了巨大影响，埃克曼将其职业生涯的大部分时间用于研究情感的影响。有一点发挥了巨大的作用：如果情感是一组与生俱来的进化反应，那么它们将具有普遍性，并且可以被跨文化识别。这种对普遍性的渴望，对于解释这些理论为何在当今的AI情绪识别系统中被广泛应用具有重要的意义：它提供了一组可广泛应用的原则，将复杂性简化并使其易于复制。

在《情感意象意识》的介绍章中，汤姆金斯将他基于生物学的普遍影响理论构建成了关于解决人类"主权"的严重危机的理论。他的理论挑战了行为主义科学和精神分析理论的发展，他认为这两种思想流派将意识视为其他力量的副产品，并为其他力量服务。他指出，人类的意识"一次又一次地受到挑战和削弱，首先是被哥白尼"（他将人类从宇宙中心移开），"然后是达尔文"（他的进化论打破了人类的形象从基督教中上帝的形象而来的观点），"尤其是弗洛伊德"（他将作为我们动机背后驱动力的人类意识和理性去中心化）。汤姆金斯继续说道，"最大限度地控制自然和最小限度地控制人性二者中的悖论，是源于人们忽视了意识作为控制机制的作用角色。"简而言之，意识几乎没有告诉我们，为什么我们会拥有这样的感受和行为。这一说法对之后出现的各种情感理论应用来说都很重要，它强调人类无法同时识别感觉和情感的表达。如果我们人类无法真正察觉到我们的感受，那么人工智能系统是否能够为我们做到这一点？

汤姆金斯的情感理论被他用来解决人类动机问题。他认为动机由两个系统控制：情感与本能。汤姆金斯认为，本能往往与饥饿或口渴等直接的生理需求密切相关。它们是有用的，饥饿造成的痛苦可以通过食物来缓解。但是控制人类动机和行为的主要系统是情感，包括积极和消极的情绪。在人类动机中发挥最重要作用的情感"放大"了本能信号，但情感是非常复杂的。例如，人们很难了解导致婴儿哭泣、表达痛苦情绪的确切原因是"饿了、冷了、湿了、疼了还是热了"。同样，人们可以通过多种不同的方式来控制这种情感，例如"喂食、拥抱、使房间更暖或更冷、取下尿布夹，等等"。

汤姆金斯总结道："与本能系统的工具性相反，为情感系统的灵活性付出代价，是模糊和错误的。个体可能会，也可能不会正确识别其恐惧或喜悦的'原因'，并且可能会，或可能不会习得减少恐惧、保持或重新获得喜悦的能力。"与本能不同，情感并不是严格的工具；他们高度独立于外部刺激和物体，这意味着我们常常不知道为什么我们会感到愤怒、害怕或快乐。

所有这些模棱两可的情况可能表明，情感的复杂性是无法解开的。我们如何才能了解一个原因和结果、刺激和反应之间的联系如此脆弱和不确定的系统？汤姆金斯给了一个答案："主要的情感……似乎与一个非常明显的器官系统，以一对一的方式天然相关。"也就是面部。他在19世纪出版的两部著作中发现了这种强调面部表情的先例：查尔斯·达尔文鲜为人知的著作《人和动物的情绪表达》和法国神经学家杜兴·德·布洛涅（Duchenne de Boulogne）的一部更为晦涩的著作《人类面部表情机制，或激情表达的电生理分析》。

汤姆金斯假设情感的面部表现是人类的普遍现象。汤姆金斯相信"情感是位于面部并广泛分布于全身肌肉和腺体的反应，它们能够产生感觉反馈……这些有组织的反应是在皮层下中心触发的，其中每种独特情感的特定'程序'会被存储"。——此观点便是人类系统计算隐喻的早期运用。

但汤姆金斯承认，对情感表现的解释取决于个人、社会和文化因素。他承认，不同社会中面部语言的"方言"不尽相同。甚至情感研究的先驱也提出一种可能的理论，即识别情感和情绪取决于社会和文化背景。文化方言和基于生物学的通用语言之间的潜在冲突，对面部表情和随后的情感识别模式研究产生了巨大的影响。如果这些表达在文化上是可变的，那么在训练机器学习所需的大量数据中提取这些表达，将不可避免地混合各种社会背景、社会角色和期望。换句话说，对于情感的解释可能不会按照人们的想法进行。

20世纪60年代中期，机会敲响了埃克曼的大门，抛出橄榄枝的是美国国防部的研究机构——高级研究项目局（Advanced Research Projects Agency，ARPA）。回顾这段时期，他承认："做这件事（情感研究）不是我的主意，而是被要求着，或是被推着去做的。我甚至没有写研究计划书，而是那个给我钱让我去做这件事的人为我写的。"1965年，埃克曼正在研究临床环境中的非语言表达问题，并寻求资金支持，以在斯坦福大学开展一项研究计划。他在华盛顿与ARPA行为科学部的负责人李·霍夫（Lee Hough）进行了会面。霍夫对埃克曼当前的研究并不感兴趣，但他却看到了跨文化非语言交流的潜力。[①]

唯一的问题是，埃克曼自己也承认，他不知道如何进行跨文化研究："我甚至不知道问题的论据是什么，文献有哪些，该使用怎样的方法。"因此，埃克曼决定放弃ARPA的资助是可以理解的。但霍夫却坚持要进行下去，根据埃克曼的回忆，他"在我的办公室坐了一整天，写下了他的资助提案，并允许我进行我最广为人知的研究——即证明某些情绪的面部表情的普遍性，以及手势的文化差异"。最终，他从ARPA获得了大约100万美元的巨额资助——相当于现在的800多万美元。

当时，埃克曼想知道为什么霍夫看起来如此渴望资助这项研究，即使他表达了反对，尽管他缺乏相关的专业知识。然而事实表明，当时霍夫只是想迅速分配这笔钱，以避免遭到参议员弗兰克·丘奇（Frank Church）的质疑，而后者抓住了霍夫的把柄，因为霍夫以社会科学研究为幌子，来获取用于推翻萨尔瓦多·阿连德（Salvador Allende）总统领导下的智利左翼政府的相关信息。埃克曼后来得出结论，他只是一个幸运的人，一个"进行海外研究，从而不会让他（霍夫）陷入困境"的人！ARPA是国防、情报和执法机构中，第一个为埃克曼的职业生涯以及更广泛的情感识别研究提供资金的机构。

在一大笔资助的支持下，埃克曼开始了他的第一项研究，以证明面部表情的普遍性。总的来说，埃克曼设计的这些研究，都复制于早期人工智能实验室的研究项目。他在很大程度上复制了汤姆金

---

① 根据埃克曼的说法，霍夫以他与一位泰国女人的婚姻为证，跨文化交流的想法也被用来对一系列冷战倡议进行合理化解释。

斯的方法，甚至使用汤姆金斯的照片测试来自智利、阿根廷、巴西、美国和日本的被试者。埃克曼先让参与者模拟一种情绪表情，再将这些表情与"在野外"收集的表情进行比较，"在野外"即在实验室之外的环境中。向被试者展示的拥有面部表情的照片由实验设计者选择，他们通常选择能体现特别"纯粹"或强烈情感的照片。展示照片之后，被试者会被要求在这些情感类别中进行选择，并对图像进行标记。此类分析用以测量被试者选择的标签与设计者选择的标签的相关程度。

从一开始，该方法就存在问题。埃克曼强制被试者进行选择的方式后来遭到了批评，因为它会提醒被试者去注意设计者之前建立的面部表情与情绪之间的联系。此外，这些情绪是伪造或假装的事实，引起了人们对这些结果有效性的严重担忧。埃克曼使用这种方法发现了一些跨文化契约，但他的发现也受到了人类学家雷·伯威斯特尔（Ray Birdwhistell）的质疑，他认为，如果该契约是通过接触大众媒体（如电影、电视或杂志等）而在文化上习得的，则该协议可能不会反映先天的情感状态。正是这场争论使埃克曼前往巴布亚新几内亚，专门研究高地地区的原住民福尔人。他认为，如果很少接触西方文化和媒体的人，能够认同他对情感表达进行分类的方式，那么这将为他研究面部普遍性提供强有力的证据。

在埃克曼第一次尝试研究巴布亚新几内亚的福尔人并失败归来后，他设计了另一种研究方法。他向其在美国的研究对象展示了一张照片，然后让他们从六个情感词语中选择一个，六个词语包括快乐、恐惧、厌恶-蔑视、愤怒、惊讶和悲伤。本次结果与来自其他国家被试者的结果非常接近，因此埃克曼相信，他能够确定"特定的面部行为与特定的情绪具有普遍相关性"。

情感：从面相学到摄影

从面相学悠久的历史中，我们可以窥见从外部迹象可以可靠地推断出内部状态的想法，即研究一个人的面部特征就可以了解其性格或个性。在古希腊，亚里士多德曾相信"可以通过外貌来判断人的性格……因为人们认为身体和灵魂是一起受到影响的"。面相学也被希腊人当作种族分类的早期形式，可被用于判断"一个人本身的属性，从而将其分为不同的种族，只要种族间的外表和性格不同（例如埃及人、色雷斯人和斯基泰人）"。古希腊人假设身体和灵魂之间存在联系，因此可以根据外表来解读一个人的内在性格。

面相学在18世纪和19世纪达到了顶峰，当时它被视为解剖科学的一部分。这一历史传统的关键人物，为瑞士牧师约翰·卡斯帕·拉瓦特（Johann Kaspar Lavater），他曾撰写了名为《相貌论，以增进人类的知识和爱为目的》（*Essays on Physiognomy—For the Promotion of Knowledge and the Love of Mankind*）的著作。本书最初于1775年以德文出版，拉瓦特采用了面相学的方法，并将它们与最新的科学知识相结合。他试图通过使用轮廓而不是艺术家的雕刻来创造更"客观"的面部比较，这一方法具有双重目的，即用一种机械的（而不是技能驱动的）手段来表示面部，并将每个面部的位置固定在常见的轮廓形式中，以此来进行比较。他认为骨骼结构是外貌与性格类型之间的潜在联系。如果面部表情稍纵即逝，那么头骨会为相貌推断提供更可靠的材料。正如我们在上一章中看到的那样，头骨的测量被用来支持新兴的民族主义。整个19世纪，弗朗茨·约瑟夫·加尔（Franz Joseph Gall）和约瑟夫·加斯帕·斯普茨海姆（Joseph Gaspar Spurzheim）等颅相学家，以及借鉴切萨雷·隆布罗索（Cesare Lombroso）的成果在科学犯罪学领域展开研究的人，都对臭名昭著的头骨测量进行了详细论述——所有这些行为，都导致了在当代人工智能系统中演绎分类类型的反复出现。

但直到19世纪，法国神经学家纪尧姆·杜兴·德布洛涅（Guillaume Duchenne de Boulogne），一个被埃克曼描述为"非常有天赋的观察者"的学者，才将摄影和其他技术手段总结成人脸研究的方法。杜兴在其出版于1862的著作《人体相学的机制，或激情表达的电生理分析》中的论述，为达尔文和埃克曼的研究奠定了重要的基础，杜兴将来自面相学和颅相学的旧思想与更现代的生理学和心理学研究联系起来。他用一种更有限的对表情和内在精神或情绪状态的调查，取代了对性格的模糊断言，并使用摄影作为创造面部技术表征的手段（见图5.1）。

杜兴在巴黎的萨尔佩特里耶庇护所工作，该庇护所收容了多达5000名患有各种精神疾病和神经系统疾病的人。其中一些人成了他痛苦实验的研究对象，这是对最脆弱和没有拒绝权利的人们进行医学和技术实验的悠久传统的一部分。在科学界鲜为人知的杜兴决定开发电击技术来刺激人们面部独立的肌肉运动。其目标是建立对面部更为完整的解剖学与生理学认知。杜兴使用这些可怕的方法，将新的心理科学与更古老的对面相符号或"激情"的研究联系起来。他使用最新的摄影技术，如火棉胶湿片法（能够实现更短的曝光时间），以让稍纵即逝的肌肉动作和面部表情能够瞬间冻结在相片上。

即使在这些非常早期的阶段，面部表情也从来不是自然出现的或社会化呈现的人类表情，而是通过对肌肉粗暴施加电力而产生的

图5.1　该图片来自杜兴·德布洛涅的著作《人体相学的机制，或激情表达的电生理分析》，由美国国家医学图书馆提供

模拟。无论如何，杜兴相信摄影和其他技术系统的使用，将把站不住脚的面部呈现活动转变为有客观依据的东西，让它们变得更适合科学研究。达尔文在他对人与动物情绪表达的介绍中，赞扬了杜兴的"华丽的照片"，并在他自己的研究成果中引用了这些照片的副

本。情绪是暂时的，甚至是转瞬即逝的东西，但摄影提供了固定、比较和分类表情的能力。然而，杜兴所拍摄的"真实"图像却是高度捏造的。

埃克曼跟随杜兴的步伐，将摄影作为其实验的核心。他相信慢动作摄影是必不可少的，因为许多面部表情在人类感知的极限之外呈现。这么做的目的，是为了找到"微表情"——面部微小的肌肉运动。在他看来，微表情的持续时间"很短，除非使用慢动作投影，否则它们极难识别"。在后来的几年里，埃克曼还坚持认为，任何人在没有接受特殊训练或缺少慢动作捕捉设备的情况下，都可以在大约一个小时之内学会如何识别微表情。[①]但这些表情如果变化太快，人类无法识别，那又该如何被理解呢？

在埃克曼早期的研究中，有一个雄心勃勃的计划，那便是将其研究编入一个用于检测和分析面部表情的系统。1971年，他与其他学者共同发表了一篇描述其面部动作评分技术（Facial Action Scoring Technique，FAST）的文章。利用刻意拍摄的面部姿态的照片，该技术使用了六种情绪类型，而这些分类主要基于埃克曼的直觉而建立。但当其他科学家能够生成不包括在其类型中的面部表情时，FAST很快就遇到了问题。因此，埃克曼决定将他的下一个测量工具转移到面部肌肉组织上，而这一操作则回到了杜兴的原始电击研究。埃克曼确定了面部大约40种不同的肌肉收缩，并将每个面部表情的基本组成部分称为动作单元。经过一些测试和验证，埃克曼和弗里

---

① 埃克曼和他的合作者弗里森解释说："我们自己的研究和来自视觉感知神经生理学的证据强烈表明，短至一个电影帧（1/50秒）的微表情是可以被察觉到的。这些微表情通常不会被人眼看到，由于它们被嵌入了其他会分散注意力的表情中，以及出现的频率低，或者是人们有一些习得性的忽略快速面部表情的感知习惯。"

森于1978年发布了面部动作编码系统（Facial Action Coding System，FACS），见图5.2；更新后的版本继续被广泛使用。FACS是一种劳动密集程度极高的测量工具。埃克曼说，用FACS的方法培训用户，需要花费75到100个小时，而对一分钟的面部镜头进行评估，则需要一个小时。

　　幸运的是，埃克曼在20世纪80年代初的一次会议上听到了一项研究报告，该报告表明，可能存在一种解决方案来解决FACS高强度劳动力需求的问题：使用计算机进行自动化测量。尽管埃克曼在回忆录中没有提到发表该论文的研究人员的姓名，但他确实提到该系统被称为"巫师"（Wizard），并且是在伦敦布鲁内尔大学开发。该系统很可能是伊戈尔·亚历山大（Igor Aleksander）早期开发的机器学习对象识别系统WISARD，该系统使用了神经网络，

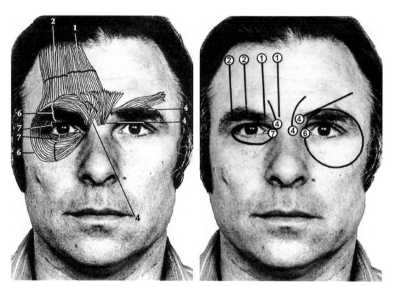

图5.2　来自面部动作编码系统中的一些元素（资料来源：保罗·埃克曼与华莱士·弗里森）

但当时该方法已经过时。一些消息来源称，WISARD是在"已知足球流氓数据库"上进行训练的，预示了后来被广泛使用的通过犯罪照片训练面部识别的技术。

由于面部识别是在20世纪60年代出现的人工智能的基础应用，因此，该领域的早期研究人员发现埃克曼与他们目标一致就不足为奇了。埃克曼本人声称，他在接受ARPA资助期间，通过国防和情报机构的旧联系人在推动自动化情感识别方面发挥了积极的作用。他在两个使用FACS数据的团队之间，建立了一场非正式竞赛，由中央情报局的罗威娜·斯旺森（Rowena Swanson）进行监督和指导。从那以后，这两个团队都在情感计算领域发挥了重要作用。一个团队由特里·谢诺沃斯基（Terry Sejnowski）和他的学生玛丽安·巴特利特（Marian Bartlett）组成，后者成为情感识别计算机科学的重要人物，也是Emotient的首席科学家，该团队于2016年被苹果供公司收购。第二个团队位于匹兹堡，由匹兹堡大学的心理学家杰弗里·科恩（Jeffrey Cohn）和卡内基梅隆大学著名的计算机视觉研究员金出武雄（Takeo Kanade）带领。这两位人物长期致力于情感识别研究，并开发了著名的科恩－金出情感表情（Cohn-Kanade，CK）数据集及后续集合。

埃克曼的FACS系统为后来的机器学习应用程序提供了一些必不可少的东西：一组稳定的、离散的、有限的标签，人类可以使用它对面部照片进行分类，以及一个用于生成测量值的系统，该系统声称，能够将展现内心世界的艰巨任务，从艺术家和小说家的凌乱视野中解放出来，并将它们置于一个可被实验室、公司以及政府使用的理性的、可知的和可衡量的规则中。

捕捉感觉：表现情绪的技巧

　　随着在情感识别中的计算机操作开始成型，研究人员认识到，需要收集标准化的图像来进行实验。1992年，由埃克曼与他人合著的一份美国国家科学基金会的报告建议道："一个由不同面部研究社区共享的且易于访问的多媒体数据库，将成为解决和拓展有关面部理解问题的重要资源。"一年内，ARPA开始资助FERET计划，用以收集面部照片，正如我们在第3章中看到的那样。到20世纪末，机器学习研究人员已经开始汇编、标记和公开能够驱动当今机器学习研究的大部分数据集。

　　CK数据集受到埃克曼的FACS指南直接指导（见图5.3）。按照埃克曼构建面部刻意姿态表情的传统，"实验者指示被试者进行一系列共23次的面部展示"，然后由FACS专家进行编码，并为数据提

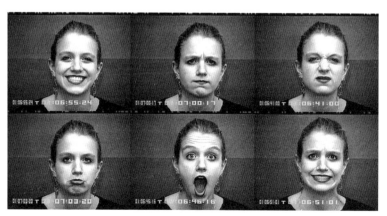

图5.3　图片展示的是来自CK数据集中的一些面部表情：喜悦、愤怒、厌恶、悲伤、惊讶、恐惧。图片来自T. Kanade等人。《身体人类学年鉴》（2000 年）© Cohn & Kanade

供标签。CK数据集允许实验室对结果进行对比，并在他们构建新的表达识别系统时进行"基准测试"。

其他实验室和公司机构也在从事并行项目，创建了大量用于计算机视觉和机器学习的照片数据库。例如，瑞典的一个实验室创建了卡罗琳斯卡情感面孔数据集。这些数据库图像中的个人按照给出的情绪表达做表情，而这些情绪表达又与埃克曼设计的情感类别相对应。这些机构将实验对象的脸做成符合六种情绪状态的形态。在查看这些训练集时，很难不被它们的极端程度所震惊：令人难以置信的惊喜！极度的快乐！瞠目结舌的恐惧！这些实验对象所创造的，其实是机器可读的情感。

随着该领域研究的规模和复杂性的不断扩展，用于情感识别的照片类型也在不断增加。研究人员开始使用FACS系统来标记数据，这些数据不是由刻意摆出的表情产生的，而是来自自发的面部表情，有时是"在野外"收集的。例如，在CK数据集发布后获得巨大成功的10年之后，一组研究人员发布了第二代"扩展科恩－金出数据集"（CK+）。CK+不仅包括常见的姿势表达范围，而且开始纳入从视频中截取的主体的"非摆拍姿势"或自发表情。

2009年，Affectiva项目在麻省理工学院媒体实验室问世，其目标是在现实生活中捕捉"自然和自发的面部表情"。该公司通过让用户选择加入一个系统来收集数据，当用户在观看一系列广告时，该系统通过网络摄像头来拍摄他们的面部照片。然后，这些图像会由接受埃克曼的面部动作编码系统训练的编码员使用定制软件进行手工标记。但我们在这里发现了另一个矛盾。FACS是从埃克曼的由大量摆拍照片组成的档案发展而来的。因此即使图像是在自然环境中收集的，它们也会被根据摆拍图像的方案进行分类。

埃克曼成功了。他的工作，对测谎软件到计算机视觉的方方面面，都产生了深远而广泛的影响。《纽约时报》将埃克曼描述为"世界上最著名的读脸人"；《时代周刊》将他评为世界上最有影响力的100人之一，他接受了联邦调查局、中央情报局、特勤局的咨询，甚至连动画工作室皮克斯（Pixar）也向埃克曼咨询如何创建更逼真的卡通面孔效果图。他的想法成为流行文化的一部分，出现在诸如马尔科姆·格拉德威尔（Malcolm Gladwell）的畅销书《眨眼之间》（Blink）里，以及电视剧《别对我撒谎》（Lie to Me）中，埃克曼成了主角角色的顾问，而显然这些作品都草率地将他的意见作为参考。

此外，埃克曼的生意也蒸蒸日上：埃克曼将欺诈检测技术出售给运输安全管理局等安全机构，后者将这些技术用于开发"乘客筛查观察技术（Screening of Passengers by Observation Techniques，SPOT）"项目，以监控航空旅客的面部表情。"9·11"事件发生多年后，此系统也开始尝试自动检测恐怖分子。该系统采用一组共94条的标准，据称所有这些标准都能反映压力、恐惧或欺骗的程度。但为了得到标准所检测的这些迹象，一些群体将立刻陷入不利地位。任何容易感到压力、在审问中感到不自在，或与警察和边防警卫有过负面经历的人，都可能因此得分更高。SPOT计划因其缺乏科学方法而受到政府问责办公室和公民自由团体的批评，尽管该项目标价9亿美元，但没有取得明显的成功。

对埃克曼理论的诸多批评

随着埃克曼的名气越来越大，人们对他工作的怀疑也越来越多，许多领域都出现了对埃克曼的批评。最早对埃克曼工作进行批评的人之一，是文化人类学家玛格丽特·米德（Margaret Mead），她在20世纪60年代后期就情感的普遍性问题与埃克曼展开了辩论，导致米德和埃克曼之间，以及其他批评埃克曼的人类学家之间，都针对埃克曼绝对普遍性的想法产生了激烈的交锋。埃克曼不考虑文化因素，而单纯地认为行为受普遍的、生物学的决定因素影响的观念无法令米德信服。尤其是，埃克曼倾向于将情绪分解为一个过于简单化的、相互排斥的二元形态：即情绪要么是普遍的，要么不是。米德等批评者指出，更细微的情况是可能存在的。米德采取的立场是中立的，她强调，"人类具有与生俱来的行为核心的可能性"与"情感表达可能受到文化因素的高度限制"这两种观点之间，不存在固有的矛盾。

几十年来，更多来自不同领域的科学家加入了声讨的行列。近年来，心理学家詹姆斯·罗素（James Russell）和何塞·米格尔·费尔南德斯-多尔斯（Jose Miguel Fernández-Dols）表明，科学最基本方面仍未解决："最基本的问题，例如'情绪的面部表情'是否真的表达了情绪，仍然存在巨大的争议。"社会科学家玛丽亚·根德龙（Maria Gendron）和莉萨·费尔德曼·巴雷特（Lisa Feldman Barrett）指出了人工智能行业使用埃克曼理论的具体危险，因为面部表情的自动检测并不能可靠地表明内部心理状态。正如巴雷特所观察到的："公司机构可以随心解释数据，但数据表达的内容其实是明确的。他们可以检测到皱眉，但这与检测愤怒是不同的。"

更令人不安的是，在情绪研究领域，研究人员对情绪究竟是什么还没有达成共识。什么是情绪，它们如何在我们体内形成和表达，它们的生理或神经生物学功能可能是什么，它们与刺激的关系如何，甚至如何定义它们，所有这一切都仍然是尚未解决的科学问题。

或许最重要的对埃克曼的情绪理论批评者是科学史学家露丝·莱斯（Ruth Leys）。在《情感的演化》（*The Ascent of Affect*）中，她彻底剖析了"埃克曼的成果背后的基本面相学假设的含义……即可以根据我们在面部表情之间的差异，来严格区分真实的和人工的情感表达。"莱斯看到了埃克曼方法的基本循环路径。首先，假设他使用的摆拍姿势或模拟照片表达了一组基本的情感状态，"已经不受文化影响"。然后，这些照片被用来引出对不同人群的标签，以证明面部表情的普遍性。莱斯指出了一个严重的问题：埃克曼假设"他在实验中使用的照片中的面部表情一定没有文化污点，因为它们得到了普遍认可。同时，他的结论是这些面部表情是普遍认可的，因为它们没有文化污点"。该方法在基本上是递归的。

随着埃克曼的想法在技术系统中得到实施，其他问题变得清晰起来。正如我们所见，该领域的许多数据集都是基于演员的模拟情绪状态，是他们面对相机表演出来的。这意味着人工智能系统的训练可能只是为了识别虚假的情感表达。虽然AI系统声称可以获取有关自然内心状态的基本事实，但它们接受的训练资料不可避免地是人造的。即使是在捕捉人们对广告或电影所做的反应时，这些人也知道自己正在被观看，这可能会改变他们的反应。

难以对面部动作和基本情绪类别之间的联系进行自动化操作导致了一个更大的问题，即情绪是否可以被完全分组为少量的离散类别。这种观点可以追溯到汤姆金斯，他认为"每种情绪都可以通过或多或少独有的身体反应来识别"。但几乎没有一致的证据表明这一点。心理学家对已发表的证据进行了多次查阅，但都未能找到他们假设存在的情绪状态与可测量反应之间的关联。最后，还有一个棘手的问题，即面部表情几乎不能说明我们最真实的内心状态，任何笑了但未真正感到快乐的人可以确认这一点。

这些关于埃克曼理论基础的严重问题，都没有阻止其研究成果在当前的人工智能应用中获得权威。尽管埃克曼的理论存在数十年的科学争议，但仍有数百篇论文引用了埃克曼对可解释面部表情的看法，认为这是不成问题的事实。很少有计算机科学家承认这些包含不确定性的文献。例如，情感计算研究员阿维德·卡帕斯（Arvid Kappas）直接指出其缺乏基础的科学共识："在此类情况下，我们对面部表情和可能的其他表情活动的复杂社会调节因素知之甚少，无法从表情行为中可靠地衡量情绪状态。这不是一个可以用更好的算法解决的工程问题。"与该领域中许多信心满满地支持情感识别的人不同，他觉得计算机尝试感知情绪不是一个好的主意。

来自其他背景的研究人员花在研究埃克曼成果上的时间越多，反对它的证据就越多。2019年，莉萨·费尔德曼·巴雷特领导了一个研究小组，对从面部表情推断情绪的文献进行了广泛的审阅。他们明确地得出结论，面部表情远非无可争议，并且"与'指纹'或能够可靠地表明情绪状态的诊断显示完全不同"，更不用提跨越文化和背景了。根据目前的所有证据，该团队观察到："不可能从微笑中推断出幸福，从皱眉中推断出愤怒，或从皱眉中推断出悲伤，对这项技术的应用就像当前的许多技术被错误地认为是科学事实而展开应用一样。"

正如巴雷特的团队所观察到的，这对于声称可以自动进行情感推理的AI公司来说并不是什么好兆头：

　　例如，科技公司正花费数百万美元的研究资金制造从面部读取情绪的设备，错误地将普遍观点视为具有强大科学支持的事实……实际上，我们对科学证据的梳理表明，人们对某些面部运动表达情绪的方式和原理的了解少之又少，尤其缺少足够的细节，以为重要的现实世界中的应用所用。

　　为什么在如此多的批评之下，从面部"读取情绪"的方法还能被忍受？通过分析这些想法的历史，我们可以了解军事研究资金、警务优先事项和利润动机是如何塑造该领域的。自20世纪60年代以来，在美国国防部大量资金的推动下，已经开发出多种系统，这些系统在测量面部运动方面越来越准确。一旦出现了可以通过测量面部来评估内心状态的理论，并且开发了测量面部的技术，人们就会心甘情愿地接受这些理论的基本假设，也就是理论由工具的用途而产生，而埃克曼的理论非常适合新兴的计算机视觉领域，因为它们可以实现自动化。

　　有一些强大的机构和企业愿意投资证实埃克曼的理论和方法论的有效性。因为一旦承认情绪不容易分类，或者从人类面部表情中无法可靠地探测到情绪，整个行业的有效性就会受到威胁。在人工智能领域，比起直接进入工程挑战，技术人员更倾向于引用埃克曼作为问题已经解决的标志。与背景、条件、关系或许多其他文化因素做斗争——换句话说，接受不确定性和可变性是既定的——不符合计算机科学的学科方法，也不符合商业技术部门的雄心。所以埃克曼的基本情感分类成了正统理论，而更精妙的方法，如米德的中间立场反而被遗忘。取而代之的是，许多工程师寻求一种方法，来训练人工智能系统检测情绪表达，仿佛这些情绪表达是一致的，并反映了一个人的内心状态。他们的重点一直是提高人工智能系统的准确率，而不是研究关于我们体验、表现和隐藏情绪的复杂方式，以及解决我们如何解释他人面部表情等更重要的问题。

与基于AI的情感识别中使用的技术不同，巴雷特呼吁采用一种截然不同的技术。她写道："在我们的技术中，许多极有影响力的模型都假设，情绪是与生俱来的生物类别，因此情绪类别是可识别的而不是由人类思维构建的。"用于情绪检测的AI系统完全以这个想法为前提（见图5.4）。在考虑情绪时，识别体系使用的可能是完全错误的框架，这是因为识别假设情绪的类别是给定的，而非突发的和相关的。

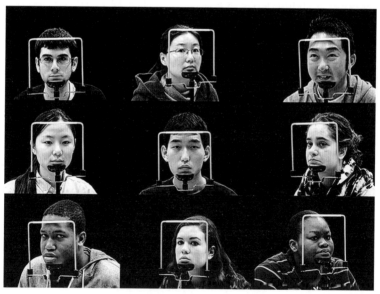

图5.4　哥伦比亚凝视数据集。来自布莱恩·A·史密斯等人，"凝视锁定：人物交互的被动眼神接触检测，"ACM用户界面软件与技术研讨会（UIST），2013年10月，271-280（由布莱恩·A·史密斯提供）

面孔政治

　　我们不应该试图构建更多可将情感表达分配到机器可读类别的系统，而应该就这些类别本身的起源以及它们的社会和政治后果提出更多问题。情感识别工具已经被用于部署政治攻击。例如，一个保守派的博主声称，自己创建了一个"虚拟测谎系统"来评估美国国会女议员伊尔汗·阿卜杜拉希·奥马尔（Ilhan Abdullahi Omar）的视频。通过使用亚马逊的Rekognition、XRVision公司的Sentinel AI和IBM公司的Watson等面部和语音分析工具，博主声称奥马尔基于分析得到的'谎言'得分，始终超过她的'真实'基线，并且她在压力、蔑视和紧张方面有较为异常的表现。几家保守派媒体报道了这一分析，声称奥马尔是一个"病态的骗子"，会对国家安全构成威胁。

　　但是人们应该相信什么？众所周知，这些系统对女性言语的影响与男性不同，尤其是黑人女性。正如我们在第三章中看到的，从不具有代表性的训练数据构建"平均值"，一开始就在认识论层面是可疑的。马里兰大学进行的一项研究表明，面部识别软件将黑人面孔解释为比白人面孔具有更多的负面情绪，尤其是将他们记录为更愤怒、更轻蔑，甚至控制了他们的微笑程度。

　　这就是情感识别工具的危险。正如我们所见，这些工具将我们带回了由骨相学统治的过去，那时虚假的主张被提出并被允许存在，以支持既有的权力系统。围绕从人脸推断出不同情绪的想法的科学争论持续了数十年，而这强调了一个中心问题：一刀切的"识别"模型并不是识别情绪状态的正确隐喻。情绪是复杂的，并且与我们的家人、朋友、文化和历史以及在AI框架之外的所有多样、丰富的背景有关。正如我们所见，情绪"检测"系统并没有像他们声称的那样运作，它们并非直接测量人的内部心理状态，而是在统计学的层面，优化面部图像之间某些物理特征的相关性。AI情绪检测背后的科学基础是存在问题的，但新一代AI工具已经在越来越多的高风险环境中进行推理预测。它们被拥有特权的人使用，从企业老板到街头警察等。

尽管现在所有证据都指明人工智能公司的说法是不可靠的，但人工智能公司仍在继续寻找新的资源，以从面部图像中谋利；他们都在争夺这个有望带来数十亿利润的行业的头部市场份额。巴雷特对从人们的面部推断情绪的研究进行了系统回顾，得出的结论是：

> 更普遍地说，科技公司很可能在问一个从根本上就存在错误的问题。仅仅从面部运动分析中"读出"人们的内部状态，而不考虑环境的各种影响，在最好的情况下，这种做法是不完整的，而最糟糕的情况是，这种做法完全缺乏有效性，无论计算算法多么复杂……通过使用这项技术，从分析面部运动来获取关于人们感受的结论，还为时过早。

但直到这一点被更广泛地认识之前，我们都面临着以下风险：人们很难被顺利聘用，因为他们的微表情与成功员工的微表情不符；某些学生的成绩会比同龄人差，因为他们的脸上表现出缺乏热情的特征；顾客会被拘留和审讯，因为人工智能系统会根据他们的面部线索，将他们标记为可能的入店行窃者。这些人正在承担系统的成本，这些系统不仅在技术上不完善或"持有偏见"，而且建立在从根本上就有问题的世界观之上。

这些系统涉及的生活领域正在迅速扩张，实验室和公司可以为这些系统创造新的市场。然而，它们都用对情绪的狭隘理解（植根于埃克曼最初的愤怒、快乐、惊讶、厌恶、悲伤和恐惧的分类）来代表人类无限的感受和跨越时空的表达。这再次将我们带回到在单一分类模式中捕捉世界复杂性的深刻局限性。它让我们回到了我们在机器学习中看到的相同问题：希望将复杂事物冷冰冰地过度简化，以便轻松计算，从而将其打包以供市场使用，并被开发以获取利润。人工智能系统正在尝试从我们的肉体中，提取我们情感的、私密的和内在的体验，但结果会是一幅漫画草稿，它无法捕捉到世界上情感体验的细微差别。

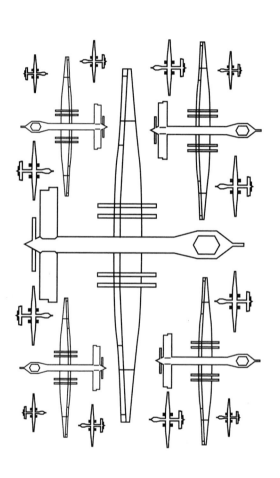

技术之外

社会联结中的人工智能

第六章

国家

此时，我坐在纽约一座建于20世纪20年代的仓库大楼的10层，面前是一台气隙电脑①。屏幕上有个软件程序，能进行证据调查和硬盘信息验证，常用于数字取证。我此行的目的，是研究一个档案。该档案提供了一些极为具体的细节，向我们展示了那些世界最富有国家的情报部门如何在政府领导者的指示下将机器学习技术逐步应用于情报工作——这就是斯诺登档案。其中包含的所有文件、演示文稿、内部备忘录、新闻通讯和技术手册，都由美国国家安全局前承包商兼泄密者爱德华·斯诺登于2013年泄露给媒体。档案的每一页都有一个标题，标记着不同的分类形式，比如TOP SECERT//SI//ORCON//NOFORN，每一个都蕴含着警告与指示

---

① 气隙系统，一种将电脑与互联网以及任何其他联网设备进行完全隔离，以保护数据安全的系统。——译者注

的含义。

　　在电影制作人劳拉·波伊特拉斯（Laura Poitras）的帮助下，我于2014年第一次接触到该档案，当时它的密级仍然极高。阅读档案的过程极为震撼，其内容涵盖了诸如美国国家安全局、英国政府通讯总部等机构超过10年的情报思考与沟通。任何没有高级许可的人绝不可能接触到此类信息。这些信息是"机密信息帝国"的一部分，有估计认为，这个信息帝国的扩张速度是公众可获取信息的五倍。斯诺登收集的数据成为数据收集转移时代的见证：政府从手机、浏览器、社交媒体平台与电子邮件进行数据收集。这份档案提供了一个难得的机会，让我们得以一窥情报界如何推动我们当下称之为人工智能的技术的发展。

　　斯诺登的档案揭示了一个秘密开发的平行人工智能领域。虽然和大众人工智能的各种方法有诸多相似之处，但在覆盖范围、目标和结果方面却有显著不同。没有了合理化提取和捕获的说辞，美国国家安全局将每个软件系统都描述为尚未被拥有、尚未被击败的东西；除极少数被指定为受保护平台的外，所有数据平台均被一致对待。作为老牌大数据卫士的美国情报机构，自20世纪50年代以来，与美国国防部高级研究计划局（ARPA）一起，大力推动了人工智能研究。正如科学历史学家保罗·爱德华兹（Paul Edwards）在《封闭的世界》（*The Closed World*）一书中所描述的，从最早的时候起，军事研究机构就在积极塑造这个后来被称为人工智能的新兴领域。1956年，达特茅斯学院的第一个人工智能夏季研究项目当时所获的部分资助即来自海军研究办公室。早在人们对人工智能的大规模应用有清晰的认识之前，人工智能领域一直处于军事支持的强引领之下或被列为军事优先事项。正如爱德华兹指出的：

> 作为最不产生直接效用而又最具雄心的项目，人工智能异乎寻常地严重依赖ARPA的资金。因此，ARPA成了人工智能研究前20年的主要资助方。前局长罗伯特·斯普劳尔（Robert Sproull）自豪地总结道，"整整一代计算机专家都在ARPA的资助下起步"，而且"20世纪80年代中期进入第五代（高级计算）项目的所有想法——人工智能、并行计算、语音理解、自然语言编程——都源于ARPA资助的研究"。

军事领域的关注重点，如指挥控制、自动化和监视等，深刻影响了人工智能的发展。ARPA资助项目中使用的工具和方法，引领了包括计算机视觉、自动翻译、自动驾驶汽车领域的研究。然而，这些技术方法还蕴含着更深层次的含义。因此，人工智能的整体逻辑中，无论是明确的战场导向（如目标、资产与异常检测），还是更微妙的高、中、低风险类别，均融入了特定类型的分类思维。持续的情境感知和目标定位的概念，推动了随后数十年的人工智能研究，也塑造了业界和学术界的认识论框架。

从国家的角度来看，大数据和机器学习的转向，不仅改变了信息提取的可能性，而且为如何追踪与理解人们，提供了一个社会理论：你能通过他们的元数据来了解他们。他们给谁打了电话、去了哪些地方、读了什么、出于什么原因使用了什么……而所有的时间和地点，均被用于识别与评估威胁，以及判定是否有罪。远程收集与使用大量数据，成为深入了解社群与社区，以及对特定个体进行风险评估的首选方式。因而，这也成为为政府与科技行业合作方式所进行的动态变化的一部分，本章主要评估这种关系在美国的演进情况。正如我们将看到的，人工智能产业在挑战与重塑国家传统角色的同时，也被用于巩固与扩大传统的地缘政治力量。

"第三次抵消"战略

美国国防部前部长阿什·卡特（Ash Carter）是硅谷的常客。在卡特被任命为国防部部长之前，已有20多年没有国防部部长访问过此地。毋庸置疑的是，卡特在硅谷扮演的是推销员的角色，旨在说服科技公司，美国的国家安全外交政策的未来取决于美国在人工智能领域的主导地位。2020年，卡特提出了他的"第三次抵消"战略。抵消通常被理解为通过改变条件，来抵消潜在的军事劣势。正如美国国防部前部长、核物理学家哈罗德·布朗（Harold Brown）在1981年的一份国会报告中所写："技术可以成为一种力量倍增器，用以抵消对手在数量上的优势。较之与对手开展常规军备竞赛，先进的技术是一种更为有效的平衡军事能力的方法。"

长期以来，各国一直在探索如何借助技术来获取对抗有更强大军事能力敌人的优势。但在军事术语中，"第 次抵消"是指在20世纪50年代，通过核武器和扩大核威慑来获取优势，而"第二次抵消"是指在20世纪70年代和80年代通过隐蔽的物流与常规武器创新来获取优势。①"第三次抵消"，据卡特的说法，应该是指融合人工智能、计算战争和机器人，用以对抗该领域的强国。然而，战略的实施依赖美国领先科技企业拥有的资源、专业技术和基础设施。2014年，时任美国国防部副部长罗伯特·沃克（Robert Work）对"第三次抵消"战略做出概括，称其旨在"利用人工智能和自主技术的所有进步，实现性能的逐步提升，以强化传统威慑"。

美国国防部要建成人工智能战争机器，将需要成本巨大的采掘基础设施，而这些设施的绝大部分——包括所需的计算能力和熟练的工程劳动力——都在硅谷。因此与工业界的合作变得至关重要。美国国家安全局通过诸如"棱镜"（PRISM）之类的系统，在与电信和科技公司公开合作的同时，辅以秘密渗透的手段，为达成其目的铺平道路。但在斯诺登泄密事件后，这些更为隐秘的方式面临新的政治阻力。2015年，美国议会通过了限制美国国家安全局访问硅谷实时数据的《美国自由法》。但从卡特的角度来看，围绕数据和人工智能建立更大规模的军工复合体，仍然有较大可能性。当前，硅谷已经建立了人工智能的逻辑与基础设施，并将其货币化，这些均可用于推动新的抵消战略。但首先，必须

---

① 美国军事抵消战略可以追溯到1952年12月，当时苏联的常规军事部门比美国多近10倍，艾森豪威尔总统转而使用核威慑来抵消这些不利因素。这一战略不仅包括美国核力量的"大规模报复力量"威胁，还包括加快美国武器储备的增长，发展远程喷气轰炸机、氢弹以及最终的洲际弹道导弹。它还包括增加对间谍、破坏与秘密行动的依赖。20世纪70年代和80年代，美国的军事战略，在以罗伯特·麦克纳马拉（Robert McNamara）等追求军事霸权的战略家的影响下，转向了分析和物流方面的计算技术。美国的第二次抵消战略，可以在诸如1991年海湾战争期间的沙漠风暴行动等军事交战行动中看到。其间，侦察、压制敌人的防御，以及精确制导，不仅主导了美国的作战方式，也主导了美国的思想和言论。

让硅谷相信，在不造成员工疏离与不加深公众对技术公司不信任的背景下，与政府合作创建战争基础设施是有价值的。

实施Maven计划

2017年4月，美国国防部发布了一份备忘录，宣布成立代号为Maven的算法战争跨职能团队（见图6.1）。国防部副部长在备忘录上写道："国防部必须在作战中更有效地整合人工智能和机器学习，以保持相对于日益强大的对手和竞争者的优势。"该项目的目标是将最好的算法，在其完成度为80%左右时，就尽快应用至战场。马文计划的目标是设计一个能够识别无人机视频中目标的自动

图6.1 算法战争跨职能团队的官方印章，代号Maven计划。拉丁语意为"我们的工作旨在提供帮助"（由美国国防部制作）

化系统；该系统允许分析人员选择一个目标，然后获得并查看所有包含选中的人或者车辆目标的无人机视频片段。这是一个巨大的无人机视频搜索平台，用来发现和消灭敌方战斗人员。

Maven计划所需的技术平台和机器学习专业知识，主要集中在商业性科技行业。美国国防部向这些科技企业支付报酬，以让他们对系统进行相应调整，使其能够分析卫星和战场无人机收集的军事数据，而这些数据均在美国国内隐私法的适用范围之外。通过这种方式，美国军方与科技公司在人工智能方面的经济利益捆绑在了一起，同时还避免了像美国国家安全局那样引发宪法层面的隐私问题。想要赢得Maven计划人工智能系统建设合同的技术公司——包括亚马逊、微软和谷歌——之间开展了竞购战。

Maven计划同谷歌签订了第一个合同。根据该协议，五角大楼将使用谷歌的TensorFlow[①]人工智能基础设施，用以梳理无人机视频，以及检测物体与人的移动情况。该系统由人工智能科学家李飞飞领导的团队运营，李飞飞已经是构建物体识别数据集的专家，有着创建图网以及基于卫星数据来检测与分析汽车的经验。

谷歌最初打算对该项目进行保密。

但在2018年夏天，谷歌的一部分员工发现了谷歌在该项目中的角色。他们对自己的工作被应用于战争感到异常愤怒，尤其是在有新的证据表明，Maven的图像识别目标包括车辆、建筑和人等对象之后。他们在谷歌公司的留言板和内部论坛上，展开了一系列激烈的辩论。超过3100名谷歌员工签署了一封抗议信，声明

---

① TensorFlow是一个核心开源库，可以帮助开发和训练机器学习模型。——译者注

谷歌不应该从事战争业务，并要求取消与军方的合同。面临不断增加的压力，谷歌正式结束Maven项目的工作，并退出了对五角大楼100亿美元的JEDI（联合企业防御基础设施）合同的竞争。合同最终落入微软手中。

在内部抗议后不久，谷歌发布了人工智能原则，其中有一节名为"我们将不再从事的人工智能应用"。这些措施包括："制造主要用于对人们造成直接或间接伤害的武器或其他相关技术"，以及"违反国际公认准则收集或使用信息以实施监视的技术"。上述措施看似明确，但在文后附加了内容：随着我们在此领域经验的积累，上述目录可能进行调整。埃里克·施密特（Eric Schmidt）将Maven计划的遭遇，描述为"科技界普遍担心，军工企业如果愿意的话，会使用我们的产品不当地杀人"。争论的主题，从是否在战争中使用人工智能，转到人工智能是否能有助于"以合理的理由杀人"，这非常具有战略意义。这种将关注焦点，从人工智能作为一种军事技术的基本伦理，转换到技术的精准度与准确性的行为，为谷歌和美国人工智能行业的其他公司，提供了一个舒适区。然而，自动化战争的问题，远比技术准确性的问题棘手。正如科学技术学者露西·苏克曼（Lucy Suchman）所说，问题远远超出了杀戮是否准确或"正确"的范畴。尤其是在目标检测的情境下：谁在构建训练集，使用哪些数据，以及出于何种机制将事物标记为迫在眉睫的威胁？基于什么样的分类法，来决定什么是足以触发合法无人机攻击的异常活动？以及我们为什么要允许这些不稳定的、固有的政治分类，产生如此暴力的后果？

斯诺登文件发布于2013年，读起来很像当下的人工智能营销手册。其中一个演示文稿展示了"藏宝图（TREASUREMAP）"
（见图6.2）：这是一个用来构建近乎实时的、交互式的互联网地
图的程序。它声称可以追踪任何联网的电脑、移动设备或路由器
的位置及其所有者。这张幻灯片自吹自擂道："此藏宝图可以在
任何设备、任何地点、任何时间绘制整个互联网地图"。几张关
于"作为推动者的藏宝图"的幻灯片提供了信号分析的层级图
像。地理层和网络层之上是"网络人物角色层"——幻灯片上用
软糖时代（jellybean era）的iMac电脑和诺基亚功能手机来表示——
然后是"人物角色层"：这是一个边长"30万英尺（约91.4千米）
的互联网视图"，用以描绘世界各地所有使用联网设备的人。
它看起来非常像社交网络追踪和操纵公司如剑桥分析公司等所
做的事。

如果说藏宝图是互联网的"上帝之眼"，那么名为"酸狐狸"

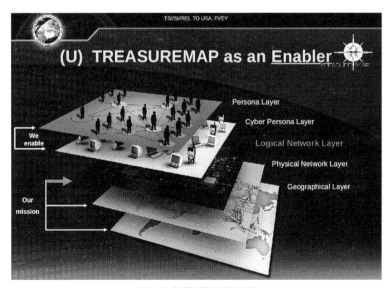

图6.2 提供赋能的藏宝图

（FOXACID）的程序，就离我们更近了：系统内的告密者。① "如果我们能让目标通过某种浏览器访问我们，那么我们就有可能拥有他们的数据"，这张幻灯片解释道。一旦有人被引诱着点击垃圾邮件或访问被捕获的网站，美国国家安全局将通过浏览器将文件永久保存在他们的系统中，并悄悄向基地报告他们的一举一动。其中一张幻灯片描述了分析师如何"部署非常有针对性的电子邮件"，这些邮件需要对目标"一定程度的犯罪信息"有所了解。尽管美国国家安全局将在严格的条件下收集和使用美国公民的数据，但文件中提到的这些限制仍很令人不安。一份文件指出，美国国家安全局正在做多方努力，"积极求诸法律权威，以制定一个能更全面地反映信息时代特征的政策框架"。换句话说，改变法律以适应工具，而非反过来。

国家与人工智能产业之间的流动与交流，并非仅限于军队层面。曾经只限于情报机构和国防部使用，从设计层面来说属于违法的技术，现在已经被诸如市政部门、执法部门等市政机构所用。这得益于日益增长的商业监控部门，它们积极向警察与公共机构推销其工具和平台。表面看来，这似乎与常见的将政府职能外包给诸如洛克希德·马丁公司、哈里伯顿公司（Halliburton）之类私营部门，然后由这些机构将产品出售给国家或其他部门的做法，没有太大不同。但是，当军事形式的权力与市政机构服务交织在一起时，就产生了区别。上述现象的一个标志性例子，就是以托尔金（Tolkein）的《指环王》（*The Lord of the Rings*）中的魔

---

① "酸狐狸"是由美国特定入侵行动办公室（Office of Tailored Access Operations，TAO）开发的软件，现在更名为计算机网络操作办公室，是美国国家安全局的一个网络战情报收集单位。

法水晶球Palantir命名的公司。

帕兰提尔（Palantir）公司成立于2004年，贝宝（PayPal）的创始人、亿万富翁彼得·蒂尔（Peter Thiel）是创始人之一，彼得·蒂尔也是特朗普的顾问与财务支持者。蒂尔后来在一篇评论文章中指出，人工智能首先是一项军事技术：

> 忘掉科幻幻想吧；现有人工智能的强大之处在于，它在计算机视觉和数据分析等相对琐碎任务上的应用。虽然不如弗兰肯斯坦那么不可思议，然而，这些工具对于任何军队来说都是很有价值的，比如获得情报优势……毫无疑问，机器学习工具也可以付诸民用。

泰尔认识到了机器学习在非军事领域的潜力，而且尤为相信中间领域：商业公司将生产具有军事特征的工具，并将其提供给任何想要获得"情报优势"，并愿意为此付费的人。

帕兰提尔公司最初的客户是美国国防部、国家安全局、联邦调查局、中央情报局等美国联邦军部与情报机关。但该公司并未将自己定位为典型的哈里伯顿式的军事承包商。它采用了硅谷初创企业的形式，总部设在帕洛阿尔托，员工主要为年轻的工程师，并得到了美国中央情报局风险投资部门In-Q-Tel的支持。除了最初的情报机构客户，该公司还开始与对冲基金、银行以及沃尔玛等公司合作。但公司的基因，则被其在美国国防领域，为国防部门做的工作形塑。它采用了与斯诺登文件中所展示的相同的方法，包括通过所有设备提取数据、渗透网络，以跟踪和评估人员和资产。帕兰提尔公司很快成为首选的外包监控制造商，通过设计数据库与管理软件，推动美国移民和海关执法局（Immigration and Customs Enforcement，即ICE）的驱逐机制。

帕兰提尔的商业模式为：提供基于机器学习的数据提取与模式检测服务，并辅以通用咨询。他们将工程师派至被服务公司，尽可能多地提取包括电子邮件、通话记录、社交媒体、员工进出大楼的时间、机票预订等公司同意分享的所有信息，然后找出模式，并给出关于下一步该如何做的建议。这些模式通常是为了寻找当前或潜在的不良行为者，即那些可能泄露信息或欺骗公司的心怀不满的员工。帕兰提尔工具中暗含的基本方法论，让人想起了美国国家安全局：收集所有信息，然后在数据中寻找异常。但是，国家安全局的工具，是在传统或秘密战争的情境下，针对国家的敌人进行监视与攻击，而帕兰提尔的方法则是针对平民。正如彭博新闻社于2018年开展的一项大型调查中所描述的，帕兰提尔是"一个为全球反恐战争而设计的情报平台"，现在"被用来对付美国普通民众"：

帕兰提尔最初在阿富汗和伊拉克为五角大楼和中央情报局工作。该公司的工程师和产品本身不直接参与任何间谍活动；它们更像是间谍的大脑，收集并分析从手、眼睛、鼻子、耳朵输入的信息。该软件先是梳理各种不同来源的数据，包括财务文件、机票预订、手机记录、社交媒体帖子，并搜寻那些人工分析师可能忽略的关联。然后将关联以彩色的、易于解释的、看起来像蜘蛛网的图形形式展示出来。美国间谍部门和特种部队立刻就爱上了它；他们部署了帕兰提尔，对大量的战场情

报进行合成与分类……美国卫生与公众服务部使用帕兰
提尔来检测医疗保险欺诈。美国联邦调查局将其用于刑
事调查。美国国土安全部使用该系统对航空旅客进行筛
查，以及密切关注移民动向。

很快，对非法移民的监视，将演变为在他们的工作场所以及
他们的孩子上学的地方逮捕和驱逐他们。为了实现这一目标，帕
兰提尔开发了一款名为猎鹰（FALCON）的手机应用程序，它的
运行就像一张大网，从多个执法部门和公共数据库中收集数据，
包括人们的移民历史、家庭关系、就业信息、学校信息等。

尽管帕兰提尔公司尽力维持其系统构建与运行方式的保密状
态，但它的专利申请，仍使我们了解到他们是如何基于人工智能
进行驱逐的。在一款名为"用于动态交互式移动图像分析和识别
的数据库系统和用户界面"的应用程序中，帕兰提尔吹嘘道，该
应用程序可以在短时间内拍摄人们相遇的照片，而且不管他们是
否受到怀疑，都可以将他们的照片与所有可用的数据库进行比
对。从本质上说，这个系统使用面部识别与后端处理技术创建了
一个框架，并以此作为实施逮捕或驱逐的基础（见图6.3）。

帕兰提尔的系统，在结构上与美国国家安全局的系统有极大
相似度，却下沉至地方与社区层面，被出售给连锁超市和地方
执法部门。这意味着，该系统从传统的警务目标向与军事情报
基础设施更相关的目标的转变。正如法学教授安德鲁·弗格森
（Andrew Ferguson）所解释的："我们正在进入这样一种境况，检
察官和警察会说，'算法让我这么做，我就照做了，但我也不知
道我正在做什么'。类似情况将会非常普遍，而且缺乏监督。"

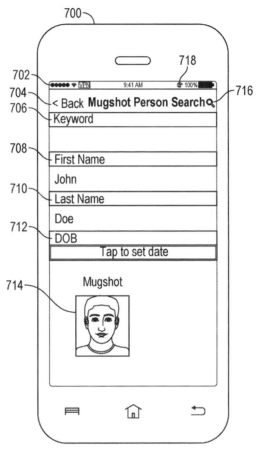

图6.3　帕兰提尔公司US10339416B2号专利图片
（图片来源：美国专利和商标局）

　　社会学家萨拉·布雷恩（Sarah Brayne）以洛杉矶警察局为切入点，是第一批直接观察帕兰提尔数据平台在现场如何使用的学者之一。在两年多的时间里，她与警察一起巡逻，观察他们室内办公情况，并对他们进行多次采访后，最终，布雷恩得出了结论，这些工具在某些领域强化了警察先前的做法，而在其他方面完全改变了监视过程：

> 从传统监控向大数据监控的转变，与执法行动向情
> 报活动的转变密切相关。执法与情报之间的本质区别在
> 于，执法通常在犯罪事件发生后才介入。从法律上讲，
> 在有充足的证据之前，警方不能搜索与收集个人信息。
> 相比之下，情报活动本质上则是预测性的。情报活动涉
> 及收集数据，识别可疑的模式、地点、活动与个人，并
> 根据情报进行先发制人式的干预。

虽然每个人都受到这种类型的监视，但移民（合法或非法）、
穷人和有色人种，受到的监视更多。正如布雷恩在她的研究中所
观察到的，帕兰提尔软件的使用再现了不平等，使那些主要居住
在贫民、黑人和拉丁裔社区的人，受到更多的监视。用一名警官
的话来说，警方的统计做法"只是数学计算"而已，因此是客观
的。但他们创造了一个强化的逻辑循环。布雷恩写道：

> 尽管计分系统的目的是避免在警察执法中存在法律
> 上具有争议性的偏见，但它隐藏了警务中有意和无意的
> 偏见，并创造了一个自我延续的循环。如果有些人的积
> 分值高，他们将会处于高度监视之下，因此他们的行为
> 更有可能被阻止，从而进一步提升他们的积分值。这种
> 做法，阻碍了已经被刑事司法系统记录下来的个人，拒
> 绝被进一步纳入监视网络的能力，同时模糊了执法在形
> 成风险评分方面的作用。

帕兰提尔以及类似的机器学习方法，将导致一个反馈循环。在这个循环中，那些被纳入刑事司法数据库的人更有可能被监视，致使数据库包含更多与他们有关的信息，为警方进一步审查提供了依据。因此，它不仅加剧了不平等，而且在看似不会出错的技术提供的合理性掩饰下，加剧了过度监管和监控中的种族偏见问题。开始应用于政府机构的情报模型，现已经扩散至边缘区域。警察局的"国家安全局化"加剧了历来存在的不平等，并从根本上改变和扩大了警察工作的实践。

从不同的角度审视这种商业军国主义的人工智能，可以参照2005年建立的警视公司（Vigilant Solutions）该公司得以运行基于一个前提：将如果由政府操作，可能需要司法监督的监控工具，转变为一个宪法中隐私限制之外的、蓬勃发展的私营企业。警视公司已经在美国多个城市，将自动车牌识别摄像头（automatic license-plate recognition cameras，ALPR），安装到汽车、电线杆、停车场、高层公寓楼等地。这些网络摄像头拍摄了经过的每一辆汽车，并将车牌图像存储至一个巨大的永久数据库中。然后，警视公司将数据库的访问权限，卖给警察、私家侦探、银行、保险公司，以及任何想要访问数据库的人。同样地，如果一家银行想要收回一辆汽车，警视可以以一定的价格透露它的位置。

总部位于加州的警视公司将自身宣传为"值得信赖的打击犯罪工具之一，能帮助执法部门找寻线索，更快地破案"，而且已与得克萨斯州、加利福尼亚州和乔治亚州的州政府开展合作，向他们的警察提供了一套用于巡逻的ALPR系统，以及访问其数据库的权限。作为回报，地方政府向警视提供了未执行逮捕令和法庭费用逾期的人员记录。那些在数据库中被标记为与未偿罚款相关的车牌，均被输入警察的移动系统，提醒他们将这些司机进行拦截。司机将面临两种选择：现场支付未付的罚款，或者被逮捕。除了收取25%的附加费外，警视还会记录每一个读取到的车牌，提取这些数据，并添加到他们庞大的数据库中。

警视与ICE签订了一项重要的合同，该合同允许该机构获取50亿份由私营企业收集的牌照记录，以及由美国80个地方执法机构提供的，涵盖人们生活与工作信息的15亿个额外数据点。鉴于这些数据可能源自当地警方与ICE的非正式协定，因此可能违反了州数据共享法。此外，ICE自身的隐私政策，也限制其在学校、教堂和抗议活动等敏感地点收集数据。但针对这种情况，ICE并没有直接收集数据或维护数据库，他们只是购买了对警视系统的访问权限，而该系统的限制要少得多。这实际上是将公共服务私有化，模糊了私营承包商和国家机构之间的关系，也造成了不受任何保护准则约束的、不透明的数据收集形式。

自此之后，警视系统将其解决犯罪的工具从车牌识别摄像头，扩展到可以识别人脸的摄像头。在此过程中，警视系统试图把人脸渲染成相当于车牌的东西，然后将其反馈至警务生态系统中。就像私人侦探网络一样，警视系统的任务就是创造一种上帝视角，让人们看到美国纵横交错的道路和高速公路，以及沿途的每一个人，同时不受任何实质性的监管或问责。

如果我们将视角从警车移到居民的前廊，我们会看到公共部门和私营企业数据实践之间的差异正在消失。新一代的社交媒体犯罪报告应用程序，如"邻居"（Neighbors）、"公民"（Citizen）和"隔壁"（Nextdoor），允许用户实时接收当地发生事件的警报，然后与当地人进行讨论，并发布、分享与标记监控录像。邻居应用由亚马逊公司基于其"门铃摄像头"（Ring doorbell camera）开发，该应用将自己定义为"新的社区监控系统"，并将视频分成犯罪、可疑或陌生人等类别。视频随后被分享给警方。这些住宅监控生态系统，将"藏宝图"和"酸狐狸"的逻辑连接在一起，但连接的是家庭、街道和其间的每一处地方。对亚马逊来说，每售出一款新的门铃摄像头设备，都有助于在家庭内外建立更大规模的训练数据集，以及与"盟友和敌人"的战场逻辑相一致的"正常和异常"行为模型，比如，用户可以报告亚马逊快递包裹被盗的情况。然而，据一项新闻调查，用户发布的很多帖子都含有种族主义评论，而且视频帖子也不成比例地将有色人种描述为潜在的小偷。除了举报犯罪外，门铃摄像头还用于举报对包裹不够温柔的亚马逊员工，形成了新的员工监视与惩罚层。

为了构建完整的公私监控基础设施，亚马逊也在积极地向警察部门推销其门铃摄像头系统，不仅向他们提供折扣，而且提供一个门户网站，让警察可以看到亚马逊摄像头在当地的位置，并能在没有搜查令的情况下，直接联系房主，非正式地提出监控录像请求。亚马逊已经与700多个警察部门，协商了门铃摄像头视频共享合作伙伴关系。

在一个案例中，记者卡罗琳·哈斯金斯（Caroline Haskins）通过申请获取公共记录发现，亚马逊与佛罗里达州的一个警察局协商达成了一份谅解备忘录，亚马逊激励警方去推广"邻居"应用，每完成一次符合条件的下载，警方就会获得免费使用门铃摄像头的积分。哈斯金斯写道，这个做法最终形成了一个"自我延续的监控网络：随着下载邻居应用的人数增加，使用门铃摄像头的人也会增加，而监控录像数量也会激增，那么警察就可以得到任何他们想要的东西"。那些曾经被拥有国家安全信件与禁言令的秘密法庭所控制的监控能力，现在正在苹果公司的应用程序商店中为地方警察所用。正如媒体学者胡东辉所写，使用这些应用程序，我们就"变成了国家安全机构的自由职业者"。

胡东辉描述了为什么"精准锁定"这样一个典型的军国主义术语的所有形式，包括精准广告、精准锁定可疑的邻居和精准锁定无人机，应被视为一个相互关联的权力系统。"我们不能孤立地看待某一种形式的精准锁定，它们与数据主权相关，这要求我们以不同的方式理解云时代的力量。"这并不是假设我们都成了国家安全局的眼线，而是说，曾经专属情报机构的观察方式，现在已经分散在许多社会系统中，而且通常由处在商业和军事人工智能交叉领域的科技公司所驱动。

从恐怖分子信用评分到社会信用评分

精准的军事逻辑背后是特征的概念。美国中央情报局在布什总统第二任期即将结束时，主张应根据所观察的个人"行为模式"或特征，实施无人机攻击。"个性打击"是指针对特定的个人，而"特征打击"则是指根据元数据签名造成某人死亡，也就是说这些人身份未知，但数据显示他们可能是恐怖分子。斯诺登的文件显示，奥巴马执政时期，美国国家安全局的全球元数据监视项目会先定位嫌疑人的SIM卡或手机，然后美军利用无人机精准消灭持有该手机的人。美国国家安全局和中央情报局前局长迈克尔·海登（Michael Hayden）将军说："我们会根据元数据实施打击。"据报道，美国国家安全局的地理细胞（Geo Cell）部门使用了更生动的语言："我们跟踪他们，你打击他们。"

特征打击听起来似乎准确而又经过授权，就好像"签名"意味着真实的身份标记一样。2014年，法律组织"暂缓执行"（Reprieve）发布的一份报告显示，原本计划针对41人的无人机袭击，最后导致约1147人死亡。该报告的负责人珍妮弗·吉布森（Jennifer Gibson）表示："美国民众一直被灌输无人机袭击是'精确'的，但它们的精确程度取决于提供给它们的情报。"但特征打击的形式与精确度无关，而与相关性有关。一旦在数据中发现了某种模式，并且达到了某个阈值，在缺乏任何明确证据支持的情况下，仅基于怀疑就可以采取行动。这种模式存应用于许多领域，其中最常见的形式是"分数"。

以叙利亚的难民危机为例，2015年，数百万人为了躲避战争逃离本国，寄希望于到欧洲寻找庇护。难民们冒着生命危险，搭乘着木筏和拥挤的船只。9月2日，一个名叫艾伦·库尔迪（Alan Kurdi）的三岁男孩和他五岁的哥哥，因所乘船只在地中海翻船，不幸溺水身亡。一张他的尸体被冲上土耳其海滩的照片登上了国际新闻头条，成为一个反映人道主义危机严重程度的强有力的国际符号：一张照片揭示了整体的恐慌。然而，有些人则从中看到了日益增加的威胁。就在此时，IBM开展了一个新项目。那就是，他们能否利用机器学习平台，来检测难民的数据特征；简而言之，即他们能否自动区分恐怖分子和难民。

IBM战略计划主管安德鲁·伯雷内（Andrew Borene）向军方刊物《防务一号》（Defense One）描述了该项目成立的初衷："我们全球团队中的一些欧洲成员，收集到一些让他们有所顾虑的反馈信息，那就是，在这些饥肠辘辘、垂头丧气的寻求庇护的人群中，有一些正值战斗年龄的男性，他们看起来非常健康。这是否引起了人们对极端恐怖组织的担忧？如果是的话，这种解决方案是否有用？"

IBM的数据科学家们安全地坐在他们位于纽约的办公室里，从机器学习的视角对这个问题进行观察：提取尽可能多的数据，然后推断出一个最佳答案。抛开存在于临时难民营条件中的许多变量，以及用于对恐怖行为进行分类的数十个无法证明的假设，IBM的决定是创建一个实验性的恐怖分子信用评分，用以从那些看似健康的难民中清除恐怖分子。分析师们收集了大量非结构化数据，包括推特数据，以及希腊和土耳其海岸倾覆船只旁溺水人员的官方名单。他们构建了一个基于假设的威胁评分，指出这不是一个有罪或无罪的绝对指标，而是基于个人过去的地址、工作场所和社会关系建立的对个人的深入了解。与此同时，叙利亚难民们并不知晓他们正在被这个系统评判，也没有任何办法反驳那些可能把他们列为潜在恐怖分子的分数。

而这只是众多难民的尸体被用作国家控制新技术系统测试的案例中的一个。这些军事和治安逻辑，现在也充斥着某种形式的金融化：社会构建的信用模型，已经渗入诸多人工智能系统，影响着从获得贷款到跨境许可的一切事务。现在，从委内瑞拉到美国，世界各地有数百个平台正在使用，这些平台奖励预先设定好的社会行为，惩罚不遵守规则的人。用社会学家马里恩·富尔卡德（Marion Fourcade）和基兰·希利（Kieran Healy）的话来说，这种"新的道德化的社会分类制度"，有利于传统经济中"取得高成就的人"，同时也进一步将最弱势的人置于不利地位。从最广泛的意义上说，信用评分已经成为军事和商业特征结合的地方。

这种人工智能评分逻辑，除了应用于国家传统的执法与边境监管领域外，也为与公共福利相关的政府职能部门提供信息。然而，正如学者弗吉尼亚·尤班克斯（Virginia Eubanks）在她的《自动不平等》（*Automating Inequality*）一书中所指出的：当人工智能系统被应用于国家福利部署时，技术主要用来对人们的欺诈或滥用行为进行监管与评估，而非用于改善社会公正问题。

例如，计算机硬件公司捷威（Gateway）的前主席、共和党密歇根州州长里克·斯奈德（Rick Snyder），为解决密歇根州的财政赤字，决定实施两项以算法为主导的紧缩计划。在他的指导下，一种匹配算法被用于执行国家的逃犯政策，该政策旨在根据未执行的重罪逮捕令，自动取消个人的食品救济资格。在2012年至2015年期间，新系统不准确地匹配了19000多名密歇根居民，并取消了他们的食品救济资格。

第二种方案被称为密歇根综合数据自动化系统（Michigan Integrated Data Automated System，MiDAS），该系统旨在自动裁决并惩罚任何被认定为骗取失业保险的人。MiDAS被设计为自动处理个人记录中的任何数据不符或不一致，并将其作为个人非法行为的证据。该系统错误地确定了4万多名密歇根居民存在可疑欺诈行为。这些人将面临诸多严重后果，包括没收退税、没收工资，以及处以四倍于人们被指控欠债数额的民事处罚。最终，这两个系统以巨大的金融失败而告终，而密歇根政府花费的钱，远远超过它省下的钱。随后，那些受害人就这些系统起诉州政府，并就之前的非法裁决胜诉，但在此之前，这些系统严重伤害了数千人，并导致许多人破产。

这些算法系统设计的初衷，并不是为了向有需要的人提供最大程度的福利，也不是为了提升福利分配的效率。这些算法系统，它们的设计重点是如何防范欺诈和犯罪，以及做出应该惩罚哪些人、将哪些人从公共支持中剔除的决策，而非最大化提升福利获取过程的便利、易懂程度。从本质上说，这些基于"目标和消除"模式设计的系统，具有惩罚性的特征。评分和风险的主题，已经深入渗透到美国国家官僚机构的结构中，而这些机构所设想的自动决策系统，又将这种逻辑引入对社区和个人的设想、评估、评分和服务中。

纠缠的干草堆

斯诺登档案中有一张幻灯片，将星球描述为一个"信息大干草堆"，而理想的情报，就像丢失在干草堆中的一根针。它展现了一个欢快的剪贴艺术图像，一个巨大的在田野上的干草堆，头顶着蓝天。这种看似陈词滥调的呈现，暗含着战术考虑：割干草是为了农场的利益，收集干草是为了创造价值。这唤起了一种令人欣慰的数据农业田园意象：看管世界上的数据领域，而不是提取数据用于对抗数据的生产者。菲尔·阿格雷（Phil Agre）曾经观察到："在当下，技术成为一种隐蔽的哲学；其中的关键是要让它具有公开的哲学性。"总的来说，国家在从军事到市政领域使用的人工智能和算法系统，揭示了一种通过结合数据提取技术、精准目标逻辑和监视手段，实施大规模基础设施指挥与控制的秘密哲学。几十年来，这些目标一直是情报机构的核心，但现在它们已经扩展到地方执法和公共福利等职能部门。这只是国家、市政和企业逻辑通过行星计算深度融合的部分内容。

斯诺登档案使我获得了许多信息，其中之一即是这些监控系统涉及范围的广度。保存档案的工作室对如何处理数据有很高的敏感性，对操作也分了多个安全级别。协议要求文件只能在现场阅读，不允许复制文件，所有的研究只能手写下来。

在一个笔记本上，我写下了一名国家安全局员工在一份时事通讯中所描述的"登顶热"的症状，即对数据提供的看似上帝般的视角上瘾，即使出了问题也无法离开：

> 登山者称这种现象为"登顶热"，即"一个人太过执着于登顶，其他一切都从意识中消失了"。我相信，SIGINT[①]团队成员和世界级的登山者一样，也不能对"登顶热"免疫。人们很容易忽视恶劣的天气，毫不犹豫地坚持下去，尤其是在投入了大量的金钱、时间和资源之后。

美国国家安全局使用的特殊方法与工具，已经渗入教室、警察局、工作场所以及失业办公室之中。它是巨额投资、事实上的私有化，以及风险和恐惧金融化的结果。这种曾经定义情报机构权力的方式，现在可以从帕兰提尔公司、警视公司和亚马逊等公司获得，并被宣传为通过预测性警务、车辆跟踪和家庭安全系统实现完美监控的幻想。不管这些系统如何重新绘制世界地图，也不管它们伤害了多少人，对全信息的渴望已经发展为一种病毒式

---

① 该国家安全局员工所在的团队名。——译者注

的狂热。但像人脸识别或社会评分等人工智能系统，在技术上是否有效的问题并不重要。当它们不能成功运行时，它们是危险的；当它们能成功运行时，它们又是有害的。我们应该质疑：这是谁的愿景？谁在渴望这样一个世界：无论是在家里、在工作中、在街道上、在餐馆里、在音乐会中，抑或在去这些地方的路上，一切行为都会被捕捉到？谁将从这种世界格局中获益最多？答案显然是，既有的、强大的军队、情报机构、警察和企业机构。斯诺登的泄密事件是一个分水岭，它揭示了当政府和商业部门作为一种混合形式合作时，信息提取文化能走多远，但网络图表和PPT剪辑艺术与之后发生的一切相比，可能显得有些奇怪。这种不同形式的权力的深度纠缠，在很多方面，是第三次抵消战略的希望。它已经远远超出了战场行动中的战略优势的目标，涵盖了日常生活中所有可以追踪和计分的部分，而这些部分又是对"好公民"的沟通、行为、消费规范进行的界定。这种转变带来了在国家愿景层面的分歧，并导致了国家代理人与他们本应服务的人民之间的权力严重失衡。

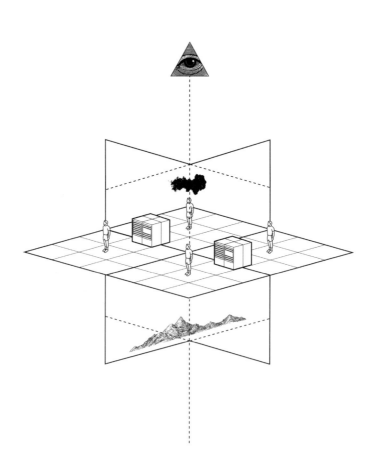

第七章

权力

捕获的领域

　　看看这张AlphaGo Zero的图片（见图7.1），这款人工智能程序，在玩棋类游戏方面取得了惊人的成功。它描绘了AlphaGo Zero如何使用蒙特卡洛树搜索算法来与自己对弈，然后评估许多可能的变化（每步1600个左右）。这种方法首次出现于现代人工智能的一个伟大的公共奇观：2016年，人类围棋冠军李世石与谷歌旗下DeepMind团队训练的早期系统AlphaGo对弈。这是一场现场直播，世界各地的人们都在悬念中观看，直到双手抱着头的李世石被人工智能系统击败的那一刻。仅一年后，AlphaGo Zero发布，标志着其进入了一个新的领域。在没有使用人工数据或进行游戏规则之外训练的情况下，该算法仅在36小时内就学会了围棋，成为世界

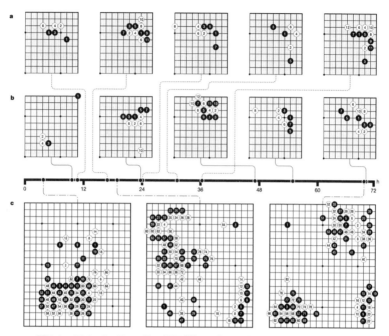

图7.1　AlphaGo Zero学习的围棋知识（图片来源：谷歌DeepMind）

上最顶尖的围棋系统。在宣告这一成就的《自然》期刊刊发的论文中，谷歌DeepMind的创作者写道："从零开始，我们的新程序AlphaGo Zero取得了超人的成绩。"

　　如果研究这个图像，我们能从中学到什么？它是如何代表人工智能的？乍一看，它代表着围棋棋盘上的走法，因为AlphaGo Zero发现了需要人类多年练习的顺序与策略类型。说明文字是这样写的："游戏的重点是贪婪地吃子，就像一个人类初学者"。但不久之后，"游戏展现了死活、势和地的基本要素"。随着AlphaGo Zero精通程度的逐步提升，这条戏剧性的曲线被简化并流线化为围棋棋盘的线形图。它从表面上看是一套人类的游戏，但被系统化后，看起来几乎像一块电路板。Alpha Zero是其迭代产品，它将这一技术推广到围棋、象棋和日本将棋游戏中。"它不像人类，也不像计算机引擎。"DeepMind联合创始人戴米斯·哈萨比斯（Demis Hassabis）表示："它是第三种，或者说几乎是来自外星的方式……就像另一个维度的国际象棋。"在该领域的发展史中，这种认为人工智能是例外的、有魔力的、外星的、超人的说法反复出现。用这种神秘语言所描述的东西到底做了什么？它为谁服务？以AlphaGo和Alpha Zero为例，这两个程序会与自己进行数百万场对弈，它们会运行统计分析，优化获胜结果，然后再进行数百万次对弈。它会产生在人类游戏中不常见的令人惊讶的走法，仅仅因为人类不会下那么多局围棋。事实上，这并不是魔法，而仅是大规模的统计分析。但对于人工智能的投资者和传播者来说，这一事实并不能证明其巨大成本的合理性。于是，这种进行统计分析的大型计算基础设施，便被描述为一个被施了魔法的对象。Alpha Zero在三天内学会了下围棋，哈萨比斯称这是"在72小时内重新发现了人类3000年积累下来的知识"！这是人工智能更深层次的笛卡尔意识形态的一部分，在这种意识形态中，程序被想象成一种与身体、基础设施和整个世界分离的思维。这种二元论具有深远的社会和政治影响。

没有边界的竞赛

自20世纪50年代以来，游戏一直是AI程序的首选测试场所，因为它们呈现出一个具有定义参数的封闭世界，而且获胜条件很明确。然而，游戏之外的世界是截然不同的。如果我们回溯美国人工智能的历史根源，特别是第二次世界大战期间，对信号处理和优化的军事研究，会发现那时的人工智能便开始重点强调合理化与预测，并出现了一种通过构建数学形式来理解人类和社会的信念。一种社会内隐理论产生于这样一种信念：准确的预测在根本上是关于减少社会世界的复杂性，即在噪声中找到信号，从混乱中建立秩序。

这种在认识论的层面上，将复杂的社会场景"扁平化"成清晰的"信号"，用于进行预测的方法，成为当代机器学习的核心逻辑。技术历史学家亚历克斯·坎波罗和我将这种现象称为"赋魅"：AI系统被描述为超自然的，超越了已知的世界，但仍然是确定的，因为它们可以发现能用于日常生活的预测确定性的模式。这本质上是一种神学观点，认为人工智能是抽象的、可预测的、超人的东西：它们是技术精湛的结果，脱离了任何社会、政治和环境背景。它还支持这样一种观点：此类系统过于复杂，难以监管。

深度学习系统中尤为常见的是，通过将更抽象的数据表征层叠在一起，拓展机器学习技术。这意味着深度学习系统通常是无法解释的，即使对创建它们的工程师来说也是如此。当一个庞大而昂贵的可进行模式识别计算的基础设施被赋魅时，便可以结束任何的怀疑调查。

有两派主要的赋魅决定论观点，每一派都是另一派的镜子。一派持科技乌托邦主义，视人工智能为解决从气候变化到刑事司法等所有问题的解决方案。另一派是科技反乌托邦主义，它害怕出现技术奇点，或者说"超级智能"，或者是超越人类并最终主宰人类的机器智能。反乌托邦和乌托邦的视角是一对形而上的双胞胎：一个把所有的信仰都放在人工智能上，把它作为解决所有问题的方法；另一个把所有的恐惧都放在人工智能上，视其为最大的危险来源。无论人工智能被抽象为一个万能工具，还是一个全能的霸主，结果都指向同样的科技至上主义。人工智能在社会的拯救或毁灭中被赋予中心地位，而现代人工智能的日常现实、失败和危害却被忽视。两种思路虽然看似相反，但都没有解决有色人种社区、穷人群体以及南半球地区已经被行星计算系统所主导的问题。

人工智能的管道

　　我们来看另一种不同类型的说明图：谷歌位于俄勒冈州的达尔斯数据中心的蓝图（见图7.2）。它展现的是三座占地约6380平方米的仓库，据2008年估计，如此规模的设施，使用的能源足够为8.2万户家庭，或相当于华盛顿塔科马市大小的城市供电。该数据中心现在坐落于哥伦比亚河沿岸，大量使用北美最便宜的电力。谷歌与当地官员进行了为期6个月的谈判，旨在获取包括免税、保证廉价能源、使用城市建造的光纤环等极其有利条件。与Alpha Go在棋盘上的布线相比，工程计划图中所列出的煤气管道、下水管道，以及廉价电力的输电线，揭示了谷歌的技术愿景对公用事业的依赖程度。记者金格·斯特兰德（Ginger Strand）写道："通过城市基础设施、州补贴和联邦补贴，YouTube得到了我们的资助。"
　　这幅宏图展示了人工智能的内部游戏，它提醒我们牢记，在人工智能产业的扩张过程中，从国防资金和联邦研究机构，到公共事

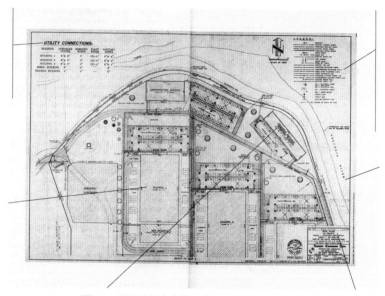

图7.2　谷歌数据中心蓝图（图片来源：Harper）

业和税收减免，再到从所有使用搜索引擎或在网上发布图片的人身上获取的数据和无偿劳动，有多少是得到政府补贴的。人工智能是一个巨大的公共项目，它从如此多的公共资源中汲取了养分，却被无情地私有化了。

这些数据向我们展示了理解人工智能"工作"原理的不同方法。我曾说过，我们如何定义人工智能及其边界，以及由谁来决定这些边界等，是利害攸关的问题。因为，正是这些定义塑造了我们看到的东西，以及它们引发的争议。AlphaGo讲述了抽象云计算的行业故事，却闭口不谈生产它所需的地球资源，这种叙事推动了一种范式，它崇拜技术创新，拒绝监管，永不披露真正的成本。这些对人工智能的狭隘描述，用哲学家迈克尔·哈特（Michael Hardt）

和安东尼奥·纳格里（Antonio Negri）的话来说，即"抽象和提取的双重操作"。类似表述之所以如此普遍，是因为它们受到相同权力结构的支持与推动，而这些权力结构是从地球、劳动和公众中提取的价值的最大获益者。另一方面，这幅宏图仅向我们展示了基础设施，但并没有揭示任何历史、政治或社会影响。

这本书探索了人工智能的轮廓，以了解这个集中的行星基础设施的规模，以及纵贯过去与现在的物质、社会与劳动提取系统。我们已经看到人工智能系统被训练识别世界过程中所固有的政治行为。了解了这一点，我们就可以关注关于技术、资本和权力的更深层次的机制，而人工智能只是其中最新的表现形式。本章从"什么是人工智能"的问题，转移到"人工智能在哪里""人工智能为了谁"以及最后的"为什么是人工智能"的问题。这些研究可以带我们进入人工智能的物质起源、维系其运作的政治经济学以及支持其非物质性和必然性光环的话语。通过将调查定位于此，我们可以追溯资本主义、计算和控制的历史纠缠，并考虑未来可能出现的其他配置。

真实存在的AI

我们应该如何看待人工智能的整个生命周期及其驱动力？首先，我们需要在更广泛的物质、社会、政治背景下，绘制人工智能地图。为此，我们需要走出那些给出人工智能最受欢迎的、学术性阐释的地方，即硅谷的大学实验室和开放式办公室，去看看其在全球的提取脉络。人工智能诞生于玻利维亚的盐湖和刚果的矿山，由试图对所有人类行为、情感和身份进行分类的数据集训练，随后由点击工人进行标记，最后被用于导航无人机飞越也门，指导美国的移民警察开展行为，并调节全球范围内关于人类价值和风险的信用评分。通过这种广角的、多标量的人工智能视角，我们可以瞥见提取、政治和技术力量机制之间交错复杂的联系。

我们从地下开始，在那里，可以看到人工智能真实的资源提取政治。稀土矿物、水、煤炭和石油：科技部门正在开发地球，为行星计算的高能耗基础设施提供燃料。就硬件而言，数据中心和消费者所用的智能设备，都高度依赖日趋耗竭的资源与来自冲突矿区的原材料。在软件方面，自然语言处理和计算机视觉模型的构建，需要巨大的能源消耗，而且更快、更高效的模型，助长了扩大人工智能碳足迹的"贪婪计算"方法的盛行。

对于这种环境损耗，科技行业从未完全承认或给予任何考虑，因为科技行业在扩大数据中心网络的同时，也在帮助石油和天然气行业剥离地球上剩余的化石燃料储备。总体而言，以人工智能计算为代表，计算的真实成本并不透明，这反映了一种长期的商业模式的一部分，即从公共资源中提取价值，却不为产出的真实成本买单。

劳动力代表了另一种形式的提取。在第二章中，我们超越了高薪机器学习工程师的范畴，考察了全球范围内，使人工智能系统运行所必需的所有工作形式。从在印度尼西亚开采锡的矿工，到在印度用亚马逊土耳其机器人完成任务的众包工人，再到在菲律宾工作的内容审核员，人工智能的劳动力规模远远超出人们的想象。即使在科技公司本身，也存在着大量以合同工形式存在的影子劳动力：例如，像谷歌这种高估值的公司，以更低的成本、更少的福利和没有带薪假期，建立了一个合同工队伍，其数量远远超过了全职员工。

在科技行业的物流节点，我们发现人类完成了机器无法完成的任务。现在，成千上万的人从事着标记、纠正、评估或编辑人工智能系统的工作，而他们都在假装自己是人工智能，以维持智能的假象。剩下的人则在搬运包裹，为打车软件平台开车，运送食物。人工智能系统在进行全程监控的同时，也在从人体仅存的功能中榨取最大的产出，因为人的手指、眼睛和膝盖关节的复杂连接，比机器人更便宜、更容易获得。在这些地方，未来的工作看起来更像过去的泰勒式工厂，而其中的区别仅在于，工人犯错时手环会振动，上厕所次数太多会受到惩罚。

在工作场所使用人工智能，尤其是情绪检测的工具，使企业掌握了更多的控制权，从而进一步加剧了权力的不对称。应用程序被用来跟踪员工，促使他们延长工作时间，并对他们进行实时排名。亚马逊提供了一个典型的例子，表明了权力的微观物理学（用以约束身体，以及它们如何在空间中移动）如何与权力的宏观物理学（即行星时间和信息的物流）联系。人工智能系统利用不同市场之间的时间和工资差异，加速资本循环。突然之间，城市中心的每个人都能在下单当天收到快递。系统再次加速，而真正的成本隐藏在无尽的纸板箱、送货卡车和"现在购买"按钮之后。

在工作场所分析员工的每一个眼神和手势，也可以用来从人们身上提取价值。"情感识别系统"声称可以检测面部的微表情和声音中的语调，用来判断一个人是否是合适的员工，或评估员工在电脑前是否充分投入工作。工作场所使用人工智能，尤其是用来检测和评估的工具，将更多的控制权交给了企业，同时掩盖了它们使用的系统背后奇怪且往往是错误的假设，从而进一步扭曲了劳动力的权力关系。

在数据层，我们可以看到一种完全不同的提取哲学。"我们正在建造真实世界的一面镜子，"谷歌街景的工程师在2012年说道，"你在现实世界中看到的任何东西，都需要纳入我们的数据库之中。"从那以后，对现实世界数据的收割愈演愈烈。正如第三章所述的，包括公园、街道、房屋和汽车在内的公共空间，遭到了广泛的掠夺：科技公司捕捉走在街上的人的脸，以训练面部识别系统；攫取社交媒体信息，来建立心理健康预测模型；抓取人们保存的个人照片或进行的在线辩论，以训练机器视觉和自然语言处理算法。这种做法已经变得如此常态化，以至于在人工智能领域几乎没有人质疑它。在某种程度上，这是因为很多职业和市场估值都依赖它。这种"收集所有信息"的心态，曾经仅是情报机构的职权范围，而现在却不仅常态化，而且道德化了，即不尽可能多地收集数据被认为是一种浪费。

一旦数据被提取并编入训练集，我们就可以看到人工智能系统对世界进行分类的认知基础。从图网、MS Celeb或NIST的面部照片集合等基准训练集来看，图像被用来代表比标签所暗示的更具关联性、更具争议的想法。第四章展示了人工智能中的分类标签如何频繁地将人们划分为强制的二元性别、简单和毫无根据的种族分类，以及高度规范与刻板的性格、优点以及情绪状态。这些分类不可避免地充斥着价值，它们在宣称科学中立的同时，也强化了一种"看待世界的方式"。

人工智能中的数据集从来不只是为算法提供的原材料：它们本质上是政治干预。收集数据、分类和标记，然后用它来训练系统，这种做法本身就是一种形式的政治。这带来了一种被称为"操作型图像"（operational images）的转变，即完全为机器创造的世界的表象。偏见只是冰山一角，而在它的下面，是一个范围更广、更集中的规范逻辑，它决定着我们应该如何看待和评价这个世界。正如洛林·达斯顿在她对国际云计算导航图的描述中所说，它们的设计是为了帮助云观察者一致地看到（和看不到）。她写道："所有的分类都取决于某种程度的抽象，从纷繁复杂的细节世界中抽象化，突出一些显著的特征，淡化其他特征。"这些选择，在当下看似微不足道，却有着深远而持久的影响。

其中最重要的一个例子是第五章中介绍的"情感检测系统"，它利用人脸和情绪之间的关系这一有争议的观点，根据与测谎仪相同的还原逻辑来运行。此领域的科学研究仍存在着很大争议。当然，机构总是把人按身份类别进行分类并贴上标签，缩小了人格的复杂性和关联，并将人格切割成可被精确测量的方框以供核对。机器学习系统让上述过程可以大规模地、自动化地发生。几十年来，那些奇怪、富有激情的信念，已然变成了代码。从巴布亚新几内亚的山城，到马里兰州的军事实验室，相继开发出对应的技术，旨在试图了解人们的思想，并将混乱的情感、内心状态、偏好和认同，降至定量的、可检测的、可追踪的东西。人工智能系统识别我们的方式，很像魔术师的把戏，这是一项历经数年演变而成的技艺，它以巧妙的手法和精确的条件为基础，告诉我们关于这些工具及其创造者的更多信息，就像它们声称看到的身份类别一样。

为了实现整个世界对机器学习系统的"可读性"，我们需要一个什么样的认识论框架呢？人工智能开始尝试将非系统化的东西系统化，将社会形式化，并将无限复杂和不断变化的宇宙，转换为机器可读的、林奈氏分类系统那样整齐的表格。人工智能的许多成就，都依赖于将事物归结为一组简洁的标签和形式，而这些标签和形式依赖于创建代理的方式，即识别和命名一些特征，忽略或模糊无数其他特征。数据集也是他们声称要测量的东西的代理（想想那些为了情感识别算法，而模仿六种普遍情绪的女性的脸）。这种基模，让人回想起弗里德里希·尼采所描述的"将纷繁复杂、不可估量的事物，变为相同、相似、可计算的事物"。

当这些代理被视为基本事实时，当一个单一的、固定的标签被应用到流动性与复杂性中时，人工智能系统处于最确定的状态。我们从一些案例中可以看到这点：人工智能被用来通过一张脸部照片预测性别、种族或性取向，以及一个人在保释后是否会犯罪、是否有信用风险，或者犯罪是否与"黑帮有关"。这些都是由深刻的关系、背景和社会决定的身份，它们并非一成不变，而是会随着时间和背景而发生变化。

当人工智能系统被用作权力的工具时，我们便看到了这一点的最极端体现。情报机构在大规模数据收集方面一马当先，元数据特征足以引发致命的无人机袭击，根据一个已知的手机位置即可以杀死一个未知的目标人物。但即使在这里，像元数据和外科手术式打击这种无情的语言，也与众所周知的事实——无人机导弹袭击并不准确，造成的死亡人数往往超过预期——产生了直接矛盾。就像露西·萨奇曼质疑的："对象"是如何被认定为迫在眉睫的威胁的？我们知道像"恐怖组织的轻型货车"这种标签是基于手工标记的数据进行分类的，不过由谁负责选择分类然后给某些车辆贴上标签呢？其中存在的哪些错误，有可能导致更多意外死亡？在第四章，我们已经看到了像图网这样的目标识别训练集所存在的认识论混淆和错误；而军用人工智能系统和无人机攻击，都建立在同样不稳定的基础之上。

第六章中概述的科技行业与军方之间的紧密联系，现在正被民族主义的议程进一步形塑。美国国家安全局和中央情报局等机构使用的工具，以商业军事合同的形式，部署于市政层面。帕兰提尔公司只是向执法部门和联邦机构，比如美国移民和海关执法局，出售元数据收集和预测平台的公司之一。在配有完全信息控制和捕获的后勤系统的支持下，没有登记的移民被锁定、追捕，而这些系统曾仅为游离于法律之外的间谍活动所有。如今，车牌读取技术被添加到家庭监控系统中，于是由警视和莱克（Rekor）等公司生成的可疑司机名单，就可以被输入到亚马逊总部的环形建筑中，形成一个广泛整合先前独立监控网络的系统。其结果是，监控的范围迅速扩大，私人承包商、执法部门和科技部门之间的界限变得模糊。在市政一级，自动化决策系统被用来跟踪异常数据，以切断人们的失业补贴，并指控他们欺诈。本质来说，基于经过战争考验的工具与世界观，对公民生活进行了彻底的重新描绘。

通过所有这些网站，我们看到人工智能是更广泛的权力结构的一部分。人工智能系统由股东价值主导的公司开发与销售，它们通过将这些系统卖给包括军队、执法部门、雇主、土地所有者等已然很强大的群体来获利。通过这种方式，人工智能系统正在加剧权力的不对称。从被推荐的优步司机，到被追踪的非法移民，再到被迫在家中安装面部识别系统的公共住房租户，这些以资本、治安和军事化为逻辑的工具，强化了权力的中心。

为什么是人工智能？

一本关于人工智能的导航图如何帮助我们以不同的方式理解人工智能？从不同的角度，我们能提出什么样的新问题？导航图可以引发规模上的转变：从我们眼前所见，到不同的观点，一个连接不同空间的图表。人工智能导航图已经超越了"人工"和"智能"的抽象概念，甚至超越了相关的高级的、机器判断的内涵，其旨在展示提取主义的物质化的全球脉络。这样一来，就极大拓宽了当前聚焦于预测、自动化和效率的人工智能的定义。这种重新界定，实现了观念的改变：服务于资本、军队和警察的工具，同样也可被用来改变学校、医院、城市与生态，假如它们真的是无须成本的中立计算器，那便应当被应用于任何地方。

简单地说，我们需要从最大的意义上，展示人工智能是什么，并认清它所服务的权力结构。我们已经看到，政治如何内置于计算堆栈，而这在理论与实践层面均产生了影响。如果当前的人工智能仅为了服务于现有的权力结构，那么可能会提出一个显而易见的问题：我们难道不应该让人工智能民主化吗？难道就不能有一个"面向人民的人工智能"，主旨是建立更加公正与平等的社会，而非榨取和放大既得利益吗？

这可能看起来很吸引人，但我们应该谨慎地处理这个问题，因为正如本书所展示，那些成就人工智能的结构，以及由人工智能所激活的结构，强烈倾向于集中权力与信息，放大压迫性的国家功能以及歧视性的设计。从这个意义上说，我们应该让"人工智能民主化以分散权力"的减法可能像"我们应该让武器制造民主化以服务于和平"一样不切实际。历史证明,用主人的工具拆除主人的房子是非常罕见的事情。

科技行业应该进行反思。迄今为止,业界的回应之一是签署人工智能伦理声明。但这些都不足以解决当前这种规模的问题。欧盟议员玛丽埃特·舍克(Marietje Schaake)指出,2019年仅在欧洲就已经有128个人工智能伦理框架。这些文件往往是关于人工智能伦理的"更广泛共识"的产物。但在制定这些文件的过程中,往往缺失那些受到人工智能系统最大伤害的人的声音。

伦理原则和声明很少关注人工智能伦理如何实施,以及它们是否能有效地产生任何变化。此类人工智能道德声明,在很大程度上忽略了这些准则是如何编写、在哪里编写,以及由谁编写的问题;实际上,这些准则很少具有可执行性,也很少对更广泛的公众负责。伦理学家布伦特·米特尔施塔特(Brent Mittelstadt)指出,与医学不同,人工智能没有正式的专业治理结构或规范,该领域也没有商定的定义和目标。最重要的是,与医学伦理不同,人工智能伦理没有外部监督,或实施道德护栏的标准规程。

通过承诺遵守伦理,企业含蓄地宣称,自己有权决定"负责任地"部署这些技术意味着什么,从而有权决定,合乎伦理的人工智能对世界其他地区意味着什么。迄今为止,科技公司很少因他们的人工智能系统违反法律而受到经济处罚,而当它们违反道德原则时,则不会面临任何有实质意义的后果。简单地说,伦理学不是解决本书中提出的基本问题的正确框架。人工智能本身是一个提取产业,那些在原则上将股东价值最大化作为首要指令的公司,宣称可以让人工智能变得更加"道德",其本身就存在着内在的矛盾。虽然减少危害非常重要,但我们需要把目标定得更高。

现在应该关注的是权力，而不是伦理。特别是，首先要集中关注受到影响的社区的利益。先从那些经受技术负面影响的人的声音开始，代替往常对公司创始人、风险投资家和"技术远见者"赞美的声音。通过关注工人、租户、失业者，以及所有被人工智能系统剥夺权力以及受到伤害的人的生活经历，我们可以看到权力的普遍运行。

这本导航图旨在重新构建当前关于人工智能的对话，并提供不同的思考视角与概念。当有人提到人工智能伦理时，我们应该问矿工、承包商、众包工人，以及整个供应链的劳动条件。当我们听到"优化"时，我们应该想到这是否被用来进行移民驱逐。当人们赞颂大规模"自动化"时，我们应该记住大气中二氧化碳含量的上升，以及日益增长的对仅存公有物的圈占。

1986年，政治理论家兰登·温纳（Langdon Winner）担忧地写道，他看到一个致力于创造人造现实的社会，却没有考虑到它会给生活条件带来不可磨灭的变化。他说，现在迫切需要的是"解读技术设备的中介作用，如何以明显而微妙的方式，改变日常生活"。他继续说：

> 我们共同世界的结构发生了巨大变化，但很少有人注意到这些变化意味着什么。对技术的判断一直是基于狭隘的理由，关注的是新设备是否满足特定需求，是否比之前的设备更高效，是否盈利，以及是否提供便利的服务。直到后来，选择的广泛意义才变得清晰，而这通常是一系列令人惊讶的"副作用"或"次级后果"……在技术领域，我们不断签订一系列社会契约，但这些契约的条款只有在签订后才会披露。

在未来的40年里，这些变化的规模已经改变了大气的化学成分、地球表面的温度和地壳的构成。人们如何评价技术，以及技术的持久后果，二者之间的差距，只会越来越大。曾经存在过的社会契约，加剧了财富的不平等，产生了影响深远的监督与劳动剥削形式。剩下要做的是，找到一条不同的道路，并实现一种集体的拒绝政治。这可以从思考优化、预测与价值提取系统所不能触及的内容开始。这意味着，拒绝进一步加剧不平等、暴力和剥夺权力的体制。在强化隐私法，提供机器学习系统的公平性，或者其他提供次要保护的尝试之外，还需要从根本上对人工智能的必然性提出挑战。

当我们问"为什么是人工智能"时，就是在质疑一切都应服从统计预测和利润积累逻辑的观点。不要仅因为人工智能可以使用，就去问它可以应用在哪里，重点应该是，为什么应该使用它。这是我们共同的任务，其中首先要理解这些选择的真正代价。这需要摆脱对技术主义解决方案的赋魅，拥抱休戚相关的多样性与其创造世界的方式。世上存在着超越价值提取的可持续的集体政治，存在着值得保留的公有物，存在着超越市场的世界，存在着超越量化的生命形式。我们的目标是，在我们所拥有的这个星球上，制定一条新的路线，远离无休止的提取和残酷的优化的逻辑。

终曲

太空

　　倒计时开始，视频开始播放。高耸的土星5号底部的引擎点火，火箭开始发射。我们听到杰夫·贝佐斯的声音："自我五岁那年，尼尔·阿姆斯特朗踏上月球表面，我就一直对太空、火箭、火箭发动机和太空旅行充满热情。"一系列鼓舞人心的画面开始出现：山顶上的攀登者，峡谷中的探险者，游过鱼群的海洋潜水员。画面切换到发射现场的控制室里，贝佐斯正在调整他的耳机。他的画外音持续：

　　　　这是我当下最重要的工作。显而易见，我们生存在最好的星球。所以我们面临一个选择：随着我们的进步，我们将不得不决定，我们是否想要一个停滞的文明，那么我们将不得不限制人口，不得不限制人均能源使用；或者我们可以通过向太空迁移，解决这个问题。

电影的配乐飘入云端，深空的画面与洛杉矶繁忙的高速公路和堵塞的三叶草路口的镜头形成鲜明对比。"冯·布劳恩说，在登月之后，'我学会了非常谨慎地使用不可能这个词'，我希望你们也能以这种态度对待自己的生活。"

这个场景来自贝佐斯私人航空公司蓝色起源（Blue Origin）的广告。这家公司的座右铭是*Gradatim Ferociter*，拉丁语的意思是"一步步，凶猛地"。近期，蓝色起源正在建造可重复使用的火箭和月球着陆器，在其位于得克萨斯州西部的设施和亚轨道基地进行测试。该公司计划于2024年将宇航员和货物送往月球。但从长远来看，该公司的使命要远大得多，即帮助创造一个数百万人在太空生活和工作的未来。具体来说，贝佐斯描述了他所希望建立的巨大太空聚居区，人们将生活在漂浮的人造环境中。重工业将完全移出地球，转移至新的提取领域。与此同时，地球将被划分为居住区和轻工业区，成为一个"美丽的居住、旅游之地"，当然仅是面向那些能负担得起的人，而非在外星殖民地工作的人。贝佐斯拥有非凡且不断增长的工业力量。亚马逊占据美国在线商务的份额持续增加，亚马逊网络服务占据了整个云计算产业的半壁江山。据估计，亚马逊网站的产品搜索量超过了谷歌。他担心，地球上日益增长的能源需求，将很快超过有限的供应。对他来说，最大的担忧"并不是灭绝"，而是停滞："我们将不得不停止增长，我认为这是一个非常糟糕的未来。"

贝佐斯并不孤单。他只是几个专注于太空的科技亿万富翁之一。谷歌月球X大奖赛的创始人彼得·戴曼迪斯（Peter Diamandis）领导的行星资源公司（Planetary Resources），得到了谷歌的拉里·佩奇（Larry Page）和埃里克·施密特（Eric Schmidt）的投资，该公司的目标是通过在小行星上钻探，创建第一个太空商业矿山。特斯拉和SpaceX的首席执行官埃隆·马斯克宣布，他打算在100年内实现人类移民火星的计划，但他同时承认，为了实现这一点，首批宇航员必须做好"赴死的准备"。马斯克主张通过在两极引爆核武器，将火星表面改造成人类居住的地方。SpaceX甚至还设计了一件T恤，上面写着"核爆火星"（NUKE MARS）。马斯克还开展了史上最昂贵的公关活动，他用SpaceX的猎鹰重型火箭，将一辆特斯拉汽车送入日心轨道。研究人员估计，它将在太空中停留数百万年，直至最终坠毁回到地球。

这些太空奇观的意识形态，与人工智能行业的意识形态，有着深刻的联系。科技公司带来的巨大财富和权力，如今使一小部分人能够追求自己的私人太空竞赛。它们依赖于对20世纪公共空间项目的知识与基础设施的攫取，也依赖于政府资金和税收激励。他们的目标不是限制提取与增长，而是将其扩展到整个太阳系。事实上，这些努力与其说是关于太空移民实际上可能出现的不确定性和不愉快的可能性，不如说是关于*想象中*的太空、无尽的增长和不朽。贝佐斯征服太空的灵感部分来自物理学家和科幻小说家杰拉德·K.奥尼尔（Gerard K. O Neill）。奥尼尔在1976年写了《最前沿：太空中的人类殖民地》（*The High Frontier: Human colony in Space*），这是一部关于太空殖民的幻想小说，书中还描绘了罗克韦尔式的月球矿区。贝佐斯的蓝色起源计划是基于人类永久殖民的田园式愿景，而目前的技术还不能实现这种愿景。当奥尼尔读到罗马俱乐部1972年发表的具有里程碑意义的报告《增长的极限》（*Limits to Growth*）时，他感到"沮丧和震惊"。该报告公布了有关不可再生资源的终结，以及对人口增长、可持续性、人类未来的影响的大量数据和预测模型。建筑和规划学者弗雷德·沙尔曼（Fred Scharmen）总结道：

> 罗马俱乐部的模型，根据不同的初始假设来计算结
> 果。根据当时的趋势推断出的基准情景显示，资源和人口
> 将于2100年之前崩溃。当模型假设已知资源储量翻倍时，
> 它们仍将在2100年之前，以略高的水平再次崩溃。当他们
> 假定技术可以提供无限的资源时，由于污染的激增，人
> 口的减少甚至比以前更严重。而如果在模型中加入污染控
> 制，那么人口依然会在食物耗尽后减少。在增加农业生产
> 能力的模型中，污染超过了先前的控制范围，最终食物和
> 人口都会崩溃。

《增长的极限》表明，走向可持续管理和资源再利用，是全球
社会长期稳定的答案，而缩小富国和穷国之间的差距则是生存的关
键。该报告的不足之处在于，它没有预见到一个构成全球经济的更
大的内部相互关联的系统，也没有预见到先前不经济的采矿形式将
如何受到激励，导致更大的环境危害、土地和水资源退化，并加速
资源的枯竭。

在撰写《最前沿》一书时，奥尼尔试图设想一种不同的方式来
摆脱无增长模式，而不是限制生产和消费。通过假设太空是一种
解决方案，奥尼尔为20世纪70年代全球对汽油短缺和石油危机的焦
虑，指出了新的方向，他设想了宁静稳定的太空结构，既能保持现
状，又能提供新的机会。奥尼尔敦促说："如果地球没有足够的表
面积，那么人类就应该建造出来。"至于它在科学层面如何运作，
以及我们在经济层面如何负担得起，留待以后再说，因为梦想才是

最重要的。

太空殖民和前沿采矿，已然成为科技亿万富翁们普遍的企业幻想，这凸显了一种从本质上令人不安的与地球的关系。他们对未来的愿景，不包括停止石油和天然气勘探，不包括控制资源消耗，甚至不包括减少他们发家致富所依赖的剥削性劳动行为。相反，科技精英们的语言与殖民主义如出一辙，他们试图取代地球上的人口，夺取土地进行矿产开采。硅谷的亿万富翁太空竞赛同样假设，最后的公共外太空空间可以由先到达那里的帝国占领。这是置管理空间采矿的主要公约，即1967年《外层空间条约》于不顾。该条约规定，外层空间是"全人类的共同利益"，探索或利用空间"应为了各国人民的利益而进行"。

2015年，奥巴马政府签署了《商业宇宙发射竞争力法》，标志着贝佐斯的蓝色起源和马斯克的SpaceX的游说取得了胜利。该法案将商业太空公司免受联邦监管的权利延长至2023年，允许它们通过在小行星上开采资源赚钱。这是首个放弃太空公有的立法，允许公司和个人拥有从小行星开采的任何材料。太空已经成为帝国的终极野心，象征着逃离地球、身体和资本的极限。因此，诸多硅谷科技精英如此热衷于抛弃地球的愿景，并不令人意外。太空殖民与其他的幻想非常契合，比如旨在延年益寿的节食、输入青少年的血、将大脑上传到"云端"，以及为长生不老而服用维生素。蓝色起源的高光广告就是这种黑暗乌托邦主义的一部分。它是一种悄声召唤，召唤我们超越所有生物、社会、伦理和生态的界限，成为超人。但深入其中，这些美丽新世界的愿景，似乎主要是由恐惧所驱动，包括对个人和集体死亡的恐惧，以及对时间所剩不多的恐惧。

我回到车里，开始旅程的最后一段，但是，这份导航图永远不会完整。我向南驶出阿尔伯克基，驶向得克萨斯州边境。在路上，我绕道经过圣奥古斯丁山峰的表面，沿着陡峭的山路向下到达白沙导弹靶场，美国在那里发射了第一枚装有摄像头的火箭。该任务由曾担任德国导弹火箭开发项目技术总监的沃纳·冯·布劳恩（Werner von Braun）负责。战后他叛逃到美国，在那里他开始试验被没收的V-2导弹，这是他曾参与设计、被用来对付同盟国的导弹。但这次他直接把火箭送入太空。火箭上升到约104千米的高度，在坠入新墨西哥沙漠之前，每1.5秒拍摄一次图像。影片保存在钢盒中，显示出粒状但明显类似地球的曲线（见图1）。

图1　从1946年10月24日登录的V-2 #13上的照相机看到的地球（图片来源：白沙导弹靶场/应用物理实验室）

值得注意的是，贝佐斯在他的蓝色起源广告中引用了冯·布劳恩的话。冯·布劳恩是第三帝国的首席火箭工程师，他承认使用集中营的奴隶劳工来建造他的V-2火箭，因此被有些人视为战犯。在建造火箭的营地中死亡的人，比在战争中被火箭杀死的人还要多。但冯·布劳恩最为人知的工作，是在担任美国宇航局马歇尔宇宙飞行中心（NASA's Marshall Space Flight Center）的负责人时，参与了土星5号火箭的设计。沐浴在阿波罗11号的光辉中，洗白不光彩历史后，贝佐斯发现他的英雄是一个拒绝相信不可能的人。

开车穿过埃尔帕索后，我沿着62号公路驶向盐盆沙丘。午后，积云的颜色开始变幻。在这里有一个T形路口，向右转之后，道路开始沿着代阿布洛山脉延伸。这是贝佐斯的国家。首先看到的标志物是一栋大的牧场房子，位于道路后面，白色的大门上有一个红色字母的标志，写着"Figure 2"。这是贝佐斯在2004年购买的农场，仅是他在该地区拥有的30万英亩土地的一部分。这片土地有着一段暴力的历史：1881年，得克萨斯州游骑兵和阿帕奇印第安人之间的最后一场战斗，就发生在这个地点的西部，9年后，曾经的联盟骑士兼牧牛人詹姆斯·门罗·多尔蒂（James Monroe Daugherty）建立了这个农场。

附近是通往蓝色起源亚轨道发射设施的路口。这条私人道路被一扇亮蓝色的大门挡住，大门上有安全告示，警告有监控录像，还有一个挂满摄像头的警卫站。我在高速公路上停下，几分钟后将车停至路边。从这里，你可以俯瞰干涸的山谷，看到蓝色起源公司的着陆点，那里正在进行该公司首次载人太空任务的火箭测试（图2）。当工人们打卡下班时，汽车通过吊杆门。回首看着那些标志着火箭基地的棚屋，在二叠纪盆地这片广阔的沙漠中，它们给人一种临时搭建的感觉。山谷的广阔空间被一个空心圆圈打破，蓝色起源公司的可重复使用火箭，坐落在中央画有羽毛标志的着陆平台上。这就是我们所能看到的全部。它是由地球上最富有的人驱动的、正在建设中的私人基础设施，有警卫和门控，是对权力、提取和逃离的科技想象。这是对地球的一种防御。

图2　得克萨斯州西部的蓝色起源亚轨道发射设施。摄影：凯特·克劳福德

　　现在光线正在减弱，钢灰色的云层在天空中移动。沙漠看上去银光闪闪，白色的鼠尾草丛和一簇簇的火山凝灰岩，点缀着这片曾经的巨大内海海床。拍了一张照片后，我回到货车上，开始驱车前往马尔法镇。拍了一张照片后，我回到货车上，在这一天最后一次驱车前往马尔法镇。直到开车准备离开，我才意识到被跟踪了。两辆黑色雪佛兰皮卡开始在近距离紧追不舍。我把车开到路边，希望他们能开过去。他们也同样靠边停车。没有人行动。过了几分钟，我又慢慢地开始开车，他们一路保持着他们的邪恶护送，直至越来越暗的山谷边缘。

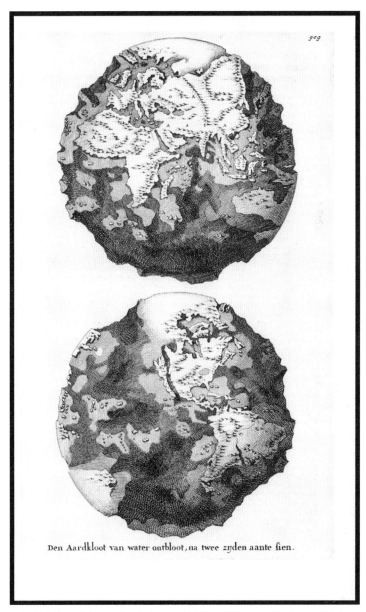

没有水的世界（托马斯·伯内特1694年绘制的海洋干涸后的世界形态）